跟世界冠军一起玩

VEX IQ 机器人

王昕 马娟 主编

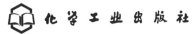

化学工业出版社

·北京·

内 容 简 介

本书将作者团队带领学生参赛获得世界冠军的经验进行总结，在介绍VEX机器人竞赛以及VEX IQ机器人的基础知识上，展示了17个VEX IQ机器人经典案例，帮助读者由浅入深地了解和掌握VEX IQ的搭建技巧和编程知识。本书内容新颖，案例丰富，一步一图，并且配套视频演示，对想要学习VEX IQ机器人，或是想了解VEX竞赛以及参赛的读者来说十分具有参考性。

本书可以作为VEX IQ机器人初学者用书、教师参考用书，也可以作为机器人竞赛选手参考用书。

图书在版编目（CIP）数据

跟世界冠军一起玩VEX IQ机器人/王昕，马娟主编

. —北京：化学工业出版社，2022.6

ISBN 978-7-122-41136-5

Ⅰ. ①跟… Ⅱ. ①王… ②马… Ⅲ. ①机器人－设计

Ⅳ. ①TP242

中国版本图书馆CIP数据核字（2022）第057967号

责任编辑：曾　越　　　　　　　　　　　　装帧设计：水长流文化
责任校对：王　静

出版发行：化学工业出版社（北京市东城区青年湖南街13号　邮政编码100011）
印　　装：河北京平诚乾印刷有限公司
710mm×1000mm　1/16　印张14¼　字数192千字　2022年8月北京第1版第1次印刷

购书咨询：010-64518888　　　　　　　　　　售后服务：010-64518899
网　　址：http://www.cip.com.cn
凡购买本书，如有缺损质量问题，本社销售中心负责调换。

定　　价：79.00元　　　　　　　　　　　　版权所有　违者必究

编写人员名单

主　编：

王　昕　北京市西城区青少年科学技术馆机器人专业教师、
　　　　全国VEX IQ竞赛裁判长

马　娟　北京市西城区青少年科学技术馆书记、馆长

副主编：

路　远　北京西城职业学校专业主任

曹　炜　北京远程教育专业委员会职业教育执委会副主任

赵　俊　泰州实验学校信息技术中心主任

熊春奎　天津市南开区科技实验小学教务主任

王玉芹　河北省教育技术中心研究部主任

周启明　智学机器人工作室技术总监

殷治纲　中国社会科学院语言研究所副研究员

编委会成员：

谢　鹏　李彦超　陈　瑞　张　晴　马萍萍

王惠鑫　李明轩　王　荻　李子赫　郭轩铭

石　林　袁　飞　张德雷　张建彬　温宇轩

殷启宸　樊　响

VEX机器人世锦赛获奖荣誉展

1. 2020—2021赛季VEX 机器人世锦赛（VEX IQ项目小学组）

🏆 **全能奖（88299B队）**

队员：郭轩铭、周景煊、王彦哲、韩念捷

🏆 **全国总冠军、全能奖（88299B队）**

队员：郭轩铭、周景煊、王彦哲、韩念捷

🏆 **全国总亚军（88299V队）**

队员：贺小迪、叶颖悠

优秀队员：周锦源、赵博昊、张子上、汪恺元、冉晓墨

2. 2019—2020赛季VEX 机器人世锦赛（VEX IQ项目小学组）

🏆 **世界冠军、分区赛冠军（88299A队）**

队员：张函斌、罗逸轩、李子赫、周锦源

🏆 **世界亚军、分区赛冠军（88299B队）**

队员：李梁祎宸、郭轩铭、邵嘉懿

🏆 **分区赛亚军（88299F队）**

队员：缪立言、张以恒

🏆 **分区赛季军（15159D队）**

队员：樊响、袁铎文

🏆 **分区赛季军（15159V队）**

队员：白洪熠、曾强、刘派、吴政东

🏆 **分区赛季军（88299D队）**

队员：王子瑞、刘宜轩、刘儵然

3. 2018—2019赛季VEX　机器人世锦赛（VEX IQ项目小学组）

🏆 **世界冠军、分区赛冠军（88299A队）**

队员：刘慷然、张函斌、罗逸轩、周佳然、顾嘉伦

🏆 **分区赛冠军（88299B队）**

队员：张亦扬、刘逸杨、李梁祎宸、童思源、王子瑞

🏆 **分区赛冠军（88299D队）**

队员：高子昂、王晨宇、宋思铭

4. 2017-2018赛季VEX　机器人世锦赛（VEX IQ项目小学组）

🏆 **世界冠军、分区赛冠军、活力奖（88299B队）**

队员：郭奕彭、张亦扬、刘逸杨、李中云

🏆 **分区赛冠军、建造奖（88299C队）**

队员：徐乃迅、信淏然、童思源、赵致睿

主要作者介绍

王昕，北京市西城区青少年科学技术馆高级教师，主要承担机器人教学等相关工作。

自2015年开始指导VEX IQ机器人竞赛以来，王昕老师带领的北京市西城区青少年科学技术馆代表队多次在VEX IQ市赛、国赛、洲际赛、世界锦标赛中获得冠军、一等奖和各类单项大奖。在2017—2018赛季VEX世界锦标赛上，西城区青少年科技馆夺得了世锦赛五大分区中的两个分区冠军，其中88299B队在总决赛中最终夺得世界冠军。在2018—2019赛季VEX世界锦标赛上，西城区青少年科技馆再次夺得了世锦赛五大分区中的3个分区冠军，其中88299A队夺得世界冠军。2019—2020赛季世锦赛（VR）上，西城区青少年科技馆再次夺得了世锦赛五大分区中的2个分区冠军、1个分区亚军、3个分区季军，其中88299A队再夺世界冠军。这使得西城区青少年科技馆不仅蝉联了三次世界冠军，还是世界上唯一连续三年在世界五大分区冠军队中占有两席以上位置的团队。

序言

让"机器人"为青少年科技梦插上翅膀

北京市西城区青少年科学技术馆（以下简称"西城科技馆"）始建于1981年，隶属北京市西城区教育委员会，是北京市建立最早的区级青少年科技活动场所之一。

作为北京市校外科技教育的龙头单位，西城科技馆始终秉承"求真务实、开拓创新"的工作精神，充分发挥科技馆人才建设与硬件保障优势，积极引导青少年认真观察、勇于质疑、勤于动手、深入探究、科学分析，面向中小学生开展了形式多样的科技教育活动。

在这些活动中，机器人项目一直是西城科技馆的优势科教项目。西城科技馆不仅是西城区青少年机器人活动的发源地，还是北京市成立的首家区县级青少年机器人工作室，形成了一套完整的面向机器人辅导员和中小学生的培训方法，先后培养出数千名青少年机器人爱好者，获得了丰硕成果。

近年来，科技馆机器人教研组王昕老师执教的VEX IQ机器人项目在该领域各级赛事中取得了优异成绩，先后在国际级、洲际、国家级和市区级比赛中获得一系列冠军和各种荣誉。在VEX机器人比赛的世界最高赛事——VEX机器人世界锦标赛上，科技馆的88299B、88299A等代表队先后在2017—2018赛季和2018—2019赛季夺取了VEX IQ机器人项目小学组世界冠军。在2019—2020赛季，由于全球新冠疫情影响，VEX机器人世界锦标赛改成了线上虚拟比赛（VEX

ROBOTICS VIRTUAL WORLD CELEBRATION），科技馆的88299A和88299B代表队于2020年4月26日再次获得VEX首次虚拟世界锦标赛的冠、亚军。这样，北京市西城科技馆代表队也创造了VEX机器人世界锦标赛历史上唯一的"三连冠"纪录，并且受到了中央电视台、北京电视台、中国青年报的专访。

为了使更多的青少年学习VEX IQ机器人课程，由王昕等老师组成的团队精心编写了本书。

这是一本内容丰富的教学用书。该书不仅详细介绍了VEX IQ硬件搭建和软件编程的知识，更有世界冠军教练王昕老师精心选择的十七个教学案例来帮助学生在实践中快乐成长。青少年是祖国的未来，如何找到一种青少年喜欢又有效的方式来帮助他们顺利成长，是所有教育者都非常关心的问题。

这本书还是一本面向青少年的人生教育图书，该书探讨了如何以VEX IQ机器人项目为平台学习STEM（科学、技术、教育、数学）知识，它可以丰富学生们的知识技能、拓展想象力、锻炼实践操作能力，并提高问题解决能力，让青少年在竞赛过程中逐步明白合作与竞争、挫折与成功等深刻的人生命题，从而全面、健康地成长。

我们相信，广大读者定能从该书中受益。

未来，北京市西城科技馆将继续不断探索，为师生创造良好的教育教学环境。我们也希望王昕老师及其指导的VEX IQ机器人团队在以后的教学和竞赛中再接再厉，再创佳绩，并祝愿机器人项目为青少年的科技梦插上翅膀，助力他们的成人、成才！

马娟
北京市西城区青少年科学技术馆

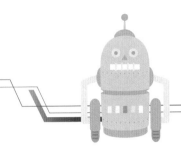

前言

VEX机器人（VEX ROBOTICS）是由美国创首国际（Innovation First International，简称IFI）创立的一个教育机器人系列。自2005年问世以来，VEX教育机器人在全世界青少年科普及创新教育中一直处于引领地位，促进了广大青少年科技素养与创新能力的培养和提高。VEX机器人竞赛也是世界上影响力最大、参与人数最多的机器人竞赛。目前全世界有七十多个国家的二万七千多支战队在参与VEX竞赛。国内队伍可以参与的竞赛包括区域赛（如华北区赛、华东区赛等）、中国赛、洲际赛（亚洲锦标赛、亚洲公开赛）和世界锦标赛。VEX机器人世界锦标赛是VEX竞赛中最高级别的比赛。2016年，它被吉尼斯世界纪录确认为世界规模最大的机器人竞赛（the largest robotics competition on Earth）。2018年，VEX世界锦标赛以1648支赛队的参赛规模再次刷新了自己保持的此项吉尼斯世界纪录。2021年5月落下帷幕的线上VEX世锦赛，又被吉尼斯世界纪录认证为全世界参与人数最多的线上机器人赛事。

编写此书的第一个目的是把我们的教学理念和竞赛经验与广大VEX IQ学习者进行分享和交流，让更多VEX爱好者更快、更全面地了解VEX IQ机器人。

第二个目的是希望向全社会推广VEX IQ机器人的STEM教育体系。设计搭建VEX IQ机器人并编写控制程序的过程包含了很多S、T、E、M（科学、技术、工程和数学）知识。它可以丰富学生们的知识技能，拓展想象力，锻炼实践操作能力，并提高问题解决能力。

第三个目的是提高孩子们的"全素质"教育。VEX IQ机器人是一个很好的"全素质"教育平台。VEX IQ机器人竞赛体系实际上是个微缩版的社会模型，其中蕴含着合作共赢、拼搏进取、项目管理等诸多规律。比赛过程中，学生们有机会学习如何处理与自我的关系、与他人的关系，以及与社会的关系。据笔者观察，有过丰富VEX IQ竞赛经历的优秀选手，其刻苦拼搏精神、自我管理能力、交际合作能力、抗挫折能力，乃至责任心，都明显高出其他同龄人。

综上，笔者希望通过VEX IQ机器人教育和竞赛体系帮助全社会少年儿童能够更好地学习、成长，早日成为对祖国和社会有用的栋梁之材。

本书分为四个部分。第1章是VEX IQ机器人和VEX IQ机器人竞赛，主要介绍VEX IQ的概述性内容，以及VEX IQ机器人竞赛等相关内容。第2章和第3章是VEX IQ机器人硬件和软件，包括软硬件基本知识、软件编程知识等。第4章介绍教学案例，帮助读者由浅入深地了解和掌握VEX IQ的搭建技巧和编程知识，并且提供了ROBOTC和VEXcode两种编程方式，满足不同读者的需求。

感谢在本书编写过程中提供支持、帮助的老师和同学们。

特约顾问：张莉。

参与案例拍摄的北京西城区青少年科学技术馆VEX IQ机器人社团成员：王荻，贺小迪，叶颖悠，郭轩铭，李子赫，刘皓晨，温宇轩，樊响，殷启宸。

本书可以作为VEX IQ机器人初学者用书、教师参考用书，也可以作为机器人竞赛选手参考用书。

由于知识水平所限，书中难免有不妥之处，敬请读者批评指正。

编者

目录

第 3 章　**VEX IQ机器人编程软件**

第4章 VEX IQ机器人案例

第 1 章

VEX IQ机器人和 VEX IQ机器人竞赛

　　VEX机器人（VEX ROBOTICS）是由美国创首国际（Innovation First International，简称IFI）旗下子公司创立的一个教育机器人系列。自2005年问世以来，VEX教育机器人在全世界青少年科普及创新教育中一直处于领先地位，是一个性价比卓越的教育机器人平台。VEX机器人的竞赛委员会由如美国国家航空航天局（NASA）、美国易安信公司（EMC）、亚洲机器人联盟（Asian Robotics League）、雪佛龙、德州仪器、诺斯罗普·格鲁曼公司等机构组成。VEX IQ机器人已经成为具有世界影响力的教育和竞赛项目。下面，我们将对VEX机器人项目的情况做全面介绍。

1.1 VEX机器人系列的组成

VEX机器人实际上不是一种机器人产品，而是包括了多种产品的机器人"家族"。该"家族"成员有VEX 123、VEX GO、VEX IQ、VEX V5、V5 Workcell、VEX PRO教育机器人，以及HEX BUG机器玩具。VEX机器人提供了从学龄前、小学、中学到大学的完整的产品和教学系列。

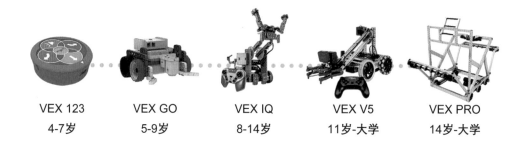

| VEX 123 | VEX GO | VEX IQ | VEX V5 | VEX PRO |
| 4-7岁 | 5-9岁 | 8-14岁 | 11岁-大学 | 14岁-大学 |

（1）VEX 123机器人

VEX 123机器人主要面向学龄前儿童，是互动性高、可编程的机器人。它将屏幕中的计算机科学和计算思维应用到孩子的现实生活中，真正实现了寓教于乐。它具有三种编程方式：第一种为触碰编程，通过简单的触碰让VEX 123机器人学习编程序列，控制动作和声音，学习基础逻辑和问题解决方法；第二种为卡片编程，使用编码器和编程指令卡，脱离屏幕，学习真正的编程；第三种为图形化编程，VEXcode 123支持平板电脑、Chromebooks、Mac及Windows设备。

（2）VEX GO机器人

VEX GO机器人拥有高性价比的搭建系统，适合5～9岁的儿童，可通过一系列乐趣十足的实践动手活动教授STEAM基本知识，引导低年龄段儿童以有趣、积极的方式认识编程和搭建。不同颜色的零部件，使学生可轻松识别。简化搭建，让教师能更专注于课程，也让课后整理零件更加容易。另外，VEX GO也有适合小学低年级学生的赛事。

（3） VEX IQ机器人

VEX IQ机器人主要面向小学和初中学生（8～14岁）。VEX IQ机器人结构零件主要使用ABS塑料材质，产品特性更适合小学和初中学生使用。VEX IQ机器人系统包含结构件、齿轮、轴、销钉等，能实现二维/三维空间零件的无缝精准对接及搭建。强大的主控器、智能电机及丰富的传感器，可满足创意设计及搭建要求，轻松实现各级任务。

（4） VEX V5机器人

VEX V5机器人主要面向初、高中乃至大学生。它采用金属材质，是VEX EDR系列的升级版。集智能和简约为一体、配备4.25英寸彩色触控屏的V5主控器包括21个智能接口，可支持多种语言以及最大16GB内存卡扩展。可识别7种不同颜色目标物的V5视觉传感器内置无线WiFi，能完成目标跟踪及路径分析任务。该系列对应的赛事是VEX VRC、VEX U。

（5） V5 Workcell

V5 Workcell是专为工业机器人领域打造的入门产品。它由机械臂、传感器和传送装置等多个部分构建而成。它相对于真正的工业机器人来讲，体积小巧，可以放在教室、办公桌等各种教育环境中使用；使用VEXcode V5编程语言，极大地降低了师生对工业机器人进行教学的门槛；能与VEX V5零部件兼容，通过搭建和编程为学生提供发展专业技术和提升职业技能的机会。

（6） VEX PRO机器人

VEX PRO机器人面向14岁以上乃至大学生，采用金属材质，所有产品都由经验丰富的机器人工程师设计，同时根据用户反馈不断改进。很多FRC队伍都会选择VEX PRO。

1.2 VEX IQ机器人概述

在本书中，我们将聚焦VEX IQ机器人项目。学生可以通过VEX IQ机器人课堂教学和机器人比赛，拓展对科学、技术、工程、人文和数学领域的兴趣，开发创造力和创新力。

1.2.1 VEX IQ机器人的特点

① 它具有的软、硬件设计的整体知识要求和VEX V5等类似，可以为以后学习和制作高阶机器人打下坚实的基础。

② 它的零部件价格比VEX V5更便宜，且可以重复使用，是一种经济实用的产品。

③ 它使用的编程软件不仅有代码式编程工具，还有图形化编程工具，更便于低年龄段学生入门学习。

④ 它的马达功率小，主要零部件为塑料，不需要进行金属加工，安全性更高。

⑤ 它制作的机器人体积、重量相对较小（长、宽、高尺寸一般在50cm以内，重量一般在5kg以内），更便于携带和运输。

综上可知，VEX IQ是一种适合初中、小学生学习的经济、安全、方便、高效的机器人平台。

1.2.2 VEX IQ机器人能锻炼哪些能力

通过VEX IQ的STEAM教育平台，VEX IQ机器人可以锻炼孩子如下能力。

》》（1）学习科学知识和编程知识

和VEX IQ机器人教育关系最大的是物理和数学知识，此外还可以掌握基本编程知识。常会用到的物理知识包括运动定律、力学知识（动力和摩擦力）、光学知识（颜色传感器）、声学知识（超声波原理）、杠杆齿轮链条的知识等。编程可以使用ROBOTC语言，这是一种专门针对VEX IQ等机器人开发的C语言。编程内容主要涉及运动和传感器编程。

（2）空间想象力和结构设计能力

开发制作比赛机器人，要在大脑中提前完成构思和设计，这需要很好的空间想象能力和设计能力。一台设计合理、性能先进、得分能力强的机器人是获得好成绩的重要因素之一。

（3）动手制作能力

将设计思路变成实际机器人，需要很好的搭建制作能力。搭建时要遵循一定的搭建规范，并对原材料做好分类管理。制作精良的机器人结构牢固、性能可靠，不会在比赛中轻易出故障。

（4）机器操控能力

好的操控手要具有过硬的操控能力，必须能做到双手协调配合，并要有很强的空间、方向识别能力，争取做到"既快又准"。手指的控制要精准，并掌握长拨、短拨、点拨、长按、短按、点按等手法。

（5）解决实际问题的能力

机器人是软硬件结合、虚拟和现实结合的产物。在设计和操作机器人时，不仅要考虑理想状况，还要考虑实际情况。例如两侧轮子的摩擦力不同、马达动力不一致时，赛车行进就会跑偏。使用光线传感器时，环境光线变化会影响传感器读取的数值……这些实际问题要通过修改设计、调试程序等方法一一解决。

（6）沟通交流能力

机器人竞赛能极大地锻炼沟通交流能力。VEX IQ比赛是团队协作比赛，需要和陌生的团队迅速组成新的合作团队。这个过程必须有迅速、高效的沟通，要能恰当阐述自己的想法，团结队友，建立自信，劝说队友接受更合理的战术。当然也要虚心学习队友的战术，总体把握联队战术，并要规划好时间。VEX其他的比赛项目也需要足够的沟通和交流能力，像STEM项目要能够清晰、准确地向评审老师介绍自己的项目内容。

≫ （7）团队协作的能力

机器人比赛是以团队形式出现，队伍内部必须有分工合作。这需要包容和理解，以实现团队整体利益最大化。同时，比赛还要和其他队伍临时合作。不同队伍的战术往往不同，甚至有冲突之处，此时要学会快速决策，求同存异，实现综合得分最优结果。

≫ （8）抗挫折能力

机器人选手在训练和比赛中要面对无数次的失败，有的还是打击性很大的失败。刚开始面对失败时，很多选手会沮丧、难过、生气，甚至崩溃痛哭，但是比赛总要继续，选手们还要再次上场。一次次输赢转变的经历会教会选手如何正确面对失败，让他们学会控制情绪、冷静思考，让自己在挫折中进步。

≫ （9）工程管理能力

机器人比赛不仅仅是技术的比赛，也是一个工程管理项目。整个项目包括团队管理、训练管理和竞赛管理很多内容。最后比赛队伍的竞争，不仅是操作技能和机器性能的比拼，更是整体管理能力的比拼。优秀团队的进步过程是有章可循的。每一次训练、比赛后，都应根据目标和计划进行调整改进，并以工程笔记的方式记录下全部过程。这样每一项工作都有追溯性和复现性，当遇到新问题时，可以有依据有参考地进行研究。这种能力对未来的学习和工作都会大有裨益。

以上，我们不完全地列举了VEX IQ教育对孩子们的一些益处。此外，VEX IQ机器人和积木、模型、编程等内容都有关联。它们既有相似之处，也有不同之处。下面我们来对比一下它们之间的异同。

1.2.3 VEX IQ与STEM（STEAM）教育

VEX IQ机器人是对中小学生进行STEM教育的高效、方便的平台。

STEM是英文"（植物）干、茎"的意思，它的四个字母S、T、E、M也恰好是科学（Science）、技术（Technology）、工程（Engineering）和数学（Mathematics）四门学科英文首字母的缩写。因此可以认为STEM代表的四个学科是现代科技工程领域的主干性力量。

四门学科的作用各不相同，但彼此间又有密切联系。科学的作用在于认识世界和解释世界的客观规律；技术是利用科学知识来解决实际问题，创造价值；工程是应用有关科学知识和技术手段，来创造具有预期价值和功能的产品或系统；数学则是研究科学、技术与工程学科的最重要工具。这四门学科虽然侧重点各不相同，但是它们之间存在着一种相互支撑、相互补充、共同发展的关系。

要解决现实生活中的复杂问题，一般需要综合运用多学科的知识来共同完成。这就要求我们在学习科学、技术、工程、数学时要做到融会贯通，在相互的碰撞中实现深层次的学习。这也是STEM教育的思想所在。

VEX IQ机器人为综合性开展STEM教育提供了一个良好的平台。小学和初中是人生最具成长性的阶段。如果能够给这个阶段的孩子们提供一个有吸引力的探索和实践机会，他们就可以很容易地了解和掌握STEM教育的核心思想。

作为一个可以快速组装的小型机器人系统，VEX IQ正好包含了STEM教育的四个支柱性部分。VEX IQ的主机、传感器和结构部件涉及了电学、力学、运动学、光学等一系列科学知识；要综合运用VEX IQ的零部件和科学知识，制作出符合竞赛要求的机器人，并尽可能圆满地完成竞赛任务，这本身就是一个高难度的技术工程；在制作和比赛过程中，也需要综合考虑时间、速度、路程、力等诸多参数的数学计算，甚至完成比赛策略的"数学建模"……可以说，VEX IQ机器人非常完美地融合了STEM教育的四个方面。

近年来，人们在STEM教育基础上，又提出了STEAM教育的理念。STEAM比STEM多出来的那个A代表艺术（Arts）。艺术元素的加入，给"冷冰冰"的科技工程增加了艺术美感，也极大提升了用户使用感受。VEX IQ竞赛（尤其是很多工程挑战赛）也鼓励孩子们增加机器人设计的艺术元素，甚至进行必要的艺术装饰。科技和艺术代表了理性和感性的两极，未来STEAM教育的目的是培养兼具尖端科技素养和深厚艺术素养的复合型人才，而VEX IQ机器人则提供了一个非常方便的STEAM教育实践平台。

1.2.4 VEX IQ与积木、模型

VEX IQ机器人的硬件搭建部分和积木、模型有很多相同之处。它们都涉及结构设计与制作，不仅锻炼动手能力，还可以锻炼空间想象力。很多学习VEX IQ机器人的学生之前都有玩乐高积木，或者制作和操控航模、船模的经历。

相对于静态模型制作，VEX IQ对制作的精细度和外观要求不那么高。大部分机器人部件通过塑料卡销即可完成连接和固定。但是机器人制作时仍然要遵守模型制作的很多标准化流程，例如所有元件要分类有序，整齐摆放，便于快速选取；电动部件开机时要遵守安全规范；转轴位置要放置垫片来减小转动摩擦；部件安装要准确到位……这些制作细节最后都会在一定程度影响到机器人的性能。

另外，VEX IQ机器人对功能设计的要求更高。它要根据每年的比赛主题，设计出结构最优的机器人结构。机器人制作过程中要涉及很多物理和数学知识。例如通过不同的齿轮比来获得不同的转速和转矩，使用不同尺寸的结构件实现不同的杠杆力臂，使用车轮或者履带实现不同的抓地摩擦力……还有很多传感器涉及声、光、电知识。这些内容都是普通的积木和模型玩具所不具有的。

制作好的VEX IQ机器人，还需要操控手来控制。这也和车模、航模、船模等很多动态模型操控比赛有相似之处。因此，学过航模操控的学生在操控机器人时往往有优势。另外电子游戏、弹钢琴等，都属于手部精细控制项目，学过这些项目的同学在控制机器人时也会有一定优势。

1.2.5　VEX IQ编程与少儿编程

VEX IQ机器人教育不仅包括硬件结构设计与搭建，还包括软件编程。那么机器人编程学习和单纯的少儿编程教育有何区别呢？

从编程语言看，VEX IQ目前主要使用青少年容易接受的图形化的编程界面（当然也可以使用代码编写程序）。普通编程教育学习的语言包括C、C++、JAVA、Python、Scratch等。

从学习乐趣来讲，VEX IQ编程因为和机器人的功能有着更加密切的关系，每一个代码的改变都会直观体现在机器人动作和功能的变化上，所以学习者的兴趣往往更大。普通编程的结果一般只能体现在屏幕上，不能驱动实物，所以趣味性就差了一些。

不过从编程的内容看，VEX IQ机器人编程的内容主要是和机械运动相关，并兼顾了一些传感器编程，内容相对有限，也很少用到复杂的算法和数据结构。普通编程则几乎可以覆盖所有领域，也可以使用更加复杂的算法和数据结构。因此普通编程的广度和深度要大于机器人编程。

综合以上特点，机器人编程趣味性更强，并兼顾了软硬件，可以作为很好的儿童学习编程的入门工具，并为学生以后转入正规编程学习打下基础。

1.3　VEX机器人竞赛概述

VEX机器人竞赛是世界上影响力最大、参与人数最多的机器人竞赛运动。根据VEX官网数据显示，截止到2021年，全世界有70多个国家、2.7万多支赛队，以及百万以上学生参与VEX机器人活动和竞赛。

VEX机器人竞赛在国内有多种参与渠道。

第一类是VEX机器人世界锦标赛，由机器人竞赛与教育基金会主办，是一项面向全球小学生到大学生的机器人比赛。机器人竞赛与教育基金会（REC Foundation，简称"REC基金会"），是一家非营利性组织机构。REC基金会通过的机器人教育平台，让学生参与实践，提高学生对STEM领域的兴趣和参与度，激励学生在STEM教育中脱颖而出。VEX机器人世界锦标赛于2016年首次被载入吉尼斯世界纪录，认证为全球规模最大、参与人数最多的机器人比赛（the largest robotics competition on Earth）。2018年4月，VEX机器人世界锦标赛凭借1648支队伍的参与规模，再次刷新自己保持的此项吉尼斯世界纪录。2021年5月，VEX线上世锦赛又被吉尼斯世界纪录认证为全世界最大的线上机器人赛事。世界锦标赛有一系列选拔赛，国内队伍可以参与的竞赛包括区域赛（如华北区赛、华东区赛等）、中国赛、洲际赛（亚洲锦标赛、亚洲公开赛）。每级选拔赛排名靠前的优胜队伍可以参加更高一级的赛事。VEX机器人世界锦标赛是目前VEX机器人在世界范围内的最高级别赛事。

第二类是每年度由中华人民共和国教育部公布的中小学全国竞赛"白名单"中的竞赛（如中国电子学会主办的世界机器人大赛），以及由国内各级教委、科协等官方部门主办的竞赛系列（如中国青少年机器人竞赛、学生机器人智能大赛等）。这一类竞赛因为是被教委官方认可的，所以含金量很高，历来受学校和师生重视，其国内影响力并不逊色于前类赛事。

第三类是由其他社会机构组织的机器人比赛。这类比赛包括一些友谊赛或者邀请赛等，其影响力相对于前两类比赛要小，更多的是起到交流知识、增加经验、锻炼队伍的目的。

1.3.1 VEX IQ机器人竞赛的内容

VEX IQ机器人竞赛一般包括团队协作挑战赛和技能挑战赛（又分手动技能挑战赛和自动技能挑战赛），另外还会根据赛队工程笔记、面试及综合表现等情况由大赛评审确定出"评审"类奖项。

团队协作挑战赛和技能挑战赛均使用相同的比赛场地。

》 （1）团队协作挑战赛

团队协作挑战赛是赛事中分量最重、竞争最激烈的比赛。较大赛事一般会分成预赛和决赛两个阶段进行。规模较小、参赛队较少的比赛中，团队协作赛也可不设决赛，直接由各队（预赛）的平均分决定比赛名次。

预赛通常分为6～10轮（根据每次赛事规则而定），所有参赛队伍根据赛事软件随机确定每轮临时合作的队伍。

比赛时，该轮次两支临时合作的队伍组成联队一起完成任务。每支战队派出两名操控选手和一台机器人上场。在规定比赛时间内（1分钟），两队要尽可能获得高分。两队获得的总分将分别记为每队该轮得分。例如在某场比赛中，A队获得66分，B队获得70分，两队总分136分。则该场比赛，A、B队成绩均计为136分。

资格赛所有轮次比完后，每队去掉一定数量（每四轮系统自动去掉一个）最低分数后，计算平均分。平均分靠前的偶数支队伍（数量根据每次赛事规则而定，不超过40支）进入决赛。

决赛阶段，各队同样根据资格赛排名两两组成合作联队。决赛中，得分最高的合作联队将共同获得团队协作挑战赛冠军称号，当决赛分数第一并且有并列的情况按规则加赛一场，决出冠军，除第一名以外有相同分数的队伍，不会再有加赛，资格赛排名较高联队获得更高排名。

▶▶ （2）机器人技能挑战赛

机器人技能挑战赛包括手动技能挑战赛和自动技能挑战赛两个阶段。

手动技能挑战赛阶段，每支报名参赛的队伍独立进行比赛，没有合作联队。比赛时，参赛队派两名操控选手和一台机器人比赛，要在规定时间（一分钟）内获得尽可能多的分数。计分规则和团队协作挑战赛相同。

自动技能挑战赛阶段，每支报名参赛的队伍仍然是独立进行比赛。但比赛时选手不得操控机器人，而是要通过启动事先编好的程序控制机器人自动运行，在规定时间（一分钟）内获得尽可能多的分数。

手动技能挑战赛和自动技能挑战赛的最高成绩之和为该队技能挑战

赛总分。各队依照总分高低决定最终技能赛名次。

(3)评审奖

VEX赛事中的评审奖包括全能奖（Excellece Award）、设计奖（Design Award）、创新奖（Innovate Award）、巧思奖（Think Award）、惊彩奖（Amaze Award）、建造奖（Build Award）、创意奖（Create Award）、竞赛精神奖（Sportsmanship Award）、活力奖（Energy Award）、评审奖（Judges Award）、出色女孩奖（Excellence Girl Award）等，赛事方会根据参赛队伍的数量设置多个奖项。

1.3.2 历年竞赛主题

每个赛季之初，VEX IQ官方组织都会推出新赛季的竞赛主题。各赛季主题的内容、规则、策略都不相同。VEX IQ近几个赛季的竞赛主题见表1-1。

表1-1

赛季	主题
• 2021-2022	Pitching In（百发百中）
• 2020-2021	Rise Above（拔地而起）
• 2019-2020	Squared Away（天圆地方）
• 2018-2019	Next Level（更上层楼）
• 2017-2018	Ring Master（环环相扣）
• 2016-2017	Crossover（极速过渡）
• 2015-2016	Bank Shot（狂飙投篮）
• 2014-2015	Highrise（摩天高楼）
• 2013-2014	Add It Up

1.3.3 比赛战队的组建

参加VEX IQ机器人比赛的队伍一般由2～8名队员和教练员组成。

不过根据经验，一般认为每支队伍有4～5名队员为宜。因为队伍人数过少的话，队员的任务过于集中，容易顾此失彼，出现纰漏。队伍人数过多的话，有些队员则会因任务过少而缺乏参与感，甚至无所事事。根据比赛中的任务，战队成员一般有以下几种角色。

▶▶（1）机器人操控手

根据比赛规则，每支参加团队协作挑战赛的队伍至少要有2名操控队员。他们一般由队中操控机器人水平最高的队员组成。比赛时，每局协作赛有60秒时间。战队第一名操控手负责前25秒的操控，然后在第25～35秒时进行两名操控手的更替（交换遥控器），由第二名操控手负责后半段的操控至比赛结束（但是2020-2021、2021-2022两个赛季受疫情影响，一个队伍只允许一名操控手完成1分钟的比赛）。

有的队伍习惯把操控手分为"主控手"和"副控手"，但我们认为并无区分主、副的必要性，因为比赛时间很短，前、后半场的任务密切相关，都很重要。一般我们要根据选手的技术特点和比赛任务的特点来分配每个人的任务，让他们能发挥各自的技术长处。

此外，有些战队也会多配置一名后备操控手，以便在主力操控手有特殊情况时可以随时替换。

▶▶（2）答辩选手

比赛期间一般会有项目答辩环节，此时要求全体队员按照队内分工分别回答评审老师的面试问题。队内可以安排口才较好、答辩能力强的选手主要负责项目答辩任务。

▶▶（3）后勤人员

后勤人员的职责非常重要，一是要维修和维护机器人。当机器人在比赛中出现故障时，能在最短的时间内将其恢复正常；二是保障参赛机器人的电池电量充足。机器人在比赛和练习时消耗电量很快，每一二十局比赛就会用光一块电池的电；也有些机器人在满负荷工作时对电池电量要求很高，只有在电量充足时才能完成特定技术动作。因此，战队后勤人员要准备足够多的电池和充电器，并及时充电，以保证比赛时机器人和遥控器有足够的电量。

(4) 赛事联络员

VEX IQ比赛一般要比很多轮，每一轮的临时合作队都由抽签决定。在完成前一轮比赛之后，每支队往往只有很短的时间去寻找下一轮的合作队，并进行策略商讨和短暂练习。为了提高效率，每支队伍可以专门安排一名赛事联络队员，其职责是为队伍提前找好每轮的合作队，并安排练习时间、提醒上场时间等。另外，赛事联络员也可以根据本队日程，合理安排协作赛、技能赛等不同比赛环节的参加时间。

以上是一支战队主要的队员角色分工。有的不同职责可以由相同队员兼任。

教练员也是战队不可或缺的人员组成。教练员的职责包括指导队员设计、搭建机器人，指导团队成员合理分工并进行高质量的训练，在比赛中指导团队策略，激励队员士气，争取好的成绩。由于VEX IQ机器人竞赛中涉及的内容纷繁复杂，既有技术问题，也有人际问题，还有生活问题等，青少年队员由于能力和阅历所限，不可能胜任所有职责，需要教练员进行必要的指导。一名优秀的教练员不仅要有合格的科学、技术素养和管理能力，还要尊重、爱护队员，赢得他们的尊重和信赖。教练员在指导队员的过程中要注意发挥队员的主观能动性，不可大包大揽、越俎代庖，因为指导的目的不仅是取得好成绩，还要让队员在比赛过程中逐步成长，最终成为独立自主、素质全面的人才。

1.3.4 工程笔记

做好工程笔记是战队一项很重要的工作。

VEX IQ比赛考核的内容之一是了解团队工程设计过程，以及团队整个赛季的经历，包括人员组成与分工、问题定义、方案设计，以及机器人建造、测试、修改等内容。这些内容可以记录在工程笔记里面。

大型比赛中，一般会设立与工程设计有关的奖项。这时评委一般会要求各队提交工程笔记。通过工程笔记中的内容，评委可以更好地了解战队本身，以及期间的设计、制造和测试过程，从而决定这些奖项的归属。

工程笔记可以采用一个A4或者B5大小的笔记本。记录的内容包括前述各项内容。为了生动起见，工程笔记可以尽量做到图文并茂——除了文字说明，还可以配上图片和照片，例如队员照片、项目思维导图、方案设计草图、机器人制作过程及完成品的照片、软件的流程图等。

好的工程笔记不仅是参加比赛的需要，也是提高学习水平的重要资料。它可以帮助学生建立起完成一个全周期工程项目的整体概念，知道如何把一个大的项目分解成小的任务，明白如何合理有序地安排分工和进程，意识到当前做的工作在整个项目中的地位和意义。

事实上，当学会按照工程的概念做好一台机器人并去完成比赛之后，将来就可以比较容易地把这种思维模式移植到一些大的任务上——从建造一辆汽车，到完成火星登陆。

另外，管理好一支VEX IQ战队并打出好成绩，本身就是一个有挑战性的工程项目。通过工程笔记可以追溯、复现以往各个环节的工作，便于总结和提升团队的效率和能力。

1.3.5 评审答辩

在一场比赛中，会有场地裁判和评审裁判。场地裁判负责场地比赛（团队协作赛和技能挑战赛）的执裁工作；评审裁判负责依据赛队的整体表现，评选出获得评审奖的赛队。评审裁判评价一个赛队最主要的依据就是赛队提交的工程笔记，所以没有提交工程笔记的赛队原则上是不能获得评审奖的，尤其是含金量更高的全能奖、设计奖更是要审核工程笔记。评审裁判会逐一审阅工程笔记，按照评分标准为每个赛队评分，并依据比赛规模、设立的奖项，选出入围评审奖的赛队。入围的赛队还要进行答辩，然后根据答辩成绩和工程笔记的成绩评选出各项评审奖。比赛最高奖项是全能奖，它不仅要依据答辩成绩和工程笔记的成绩，还需要参考团队协作赛和技能挑战赛的成绩来综合评出。

由上述规则可知，评审答辩也是比赛中需要认真准备的环节，一般需要注意以下几个方面。

首先，要表现出赛队良好的精神面貌，落落大方、有礼貌、谦虚、不卑不亢。答辩前要和评审裁判问好，答辩结束后，鞠躬致谢，和评审裁判说再见。

答辩内容主要包括赛队成员介绍、分工，赛车的设计过程，赛车各部分的功能，赛车中最值得骄傲的部分，赛车程序等。

当然，在答辩的过程中，还要配合回答评审裁判的问题，不要只按照自己准备的内容滔滔不绝，而不理裁判的问题，也不能没有准备，只是被动、简单地回答评审裁判的问题。总而言之，答辩环节就是要展现赛队最好的状态，让评审裁判了解到赛队平时积极训练、不断进取的过程，并且赛队的每个成员在这个过程中，要充分展示在S、T、E、M各个方面的收获。

1.3.6 编程测试

在全国赛中，有编程测试的环节，一般是按照参赛队伍数量，要求团队协作赛前16~20支赛队，技能赛前3~5支赛队及其他随机抽取的赛队，参加编程测试。参加编程测试的赛队必须通过测试，才有机会晋级更高级别的VEX官方赛事。被要求参加测试的赛队如果没有按时参加测试，视作测试未通过，不得晋级更高级别的VEX官方赛事。

测试将于资格赛结束后，决赛开始前，在指定的时间和地点进行。参加测试的赛队代表，务必携带本队电脑、数据线等器材准时到达指定区域，试题将于测试开始前公布。每支赛队限选派2名队员参加编程测试。测试开始前赛队有3分钟读题时间，监考裁判宣布测试开始后方可开始编程，编程时间为20分钟。赛队在完成编程后，且20分钟计时结束之前，举手示意本组裁判，经裁判同意后，由裁判提供机器人演示程序；如程序运行失败，需按裁判指示交还机器人；如程序运行成功，由裁判发放注明队号的PASS标签。裁判宣布测试计时结束时，给予未通过测试的赛队最后一次机会立即演示程序，放弃演示或演示失败的赛队视为测试未通过。

（1）VEX IQ小学组测试平台

VEX IQ机器人赛事组委会提供指定机器人。测试相关元件包含主控器、遥控器、电机，不含传感器。

测试目标：学生自主编程，在指定机器人上按测试题要求运行自动或遥控程序。

测试说明：请赛队自行准备笔记本电脑及电源适配器、遥控器、USB电缆、联机电缆、编程软件、VEX IQ固件升级工具等；赛队需自行完成固件升级、遥控器配对等操作；赛队需自行编写、调试、下载及运行程序（在指定的机器人上）；赛队可重复在指定机器人上调试运行，直到演示成功或时间结束（多支赛队会分配同一台固定编号的机器人，赛队需轮流调试或演示）。

（2）VEX IQ初中组测试平台

VEX IQ机器人赛事组委会提供指定机器人。测试相关元件包含主控器、遥控器、电机、Bumper Switch碰撞开关、TouchLED触碰传感器。

测试目标：学生自主编程，在指定机器人上按测试题要求运行自动或遥控程序。

测试说明：请赛队自行准备笔记本电脑及电源适配器、遥控器、USB电缆、联机电缆、编程软件、VEX IQ固件升级工具等；赛队需自行完成固件升级、遥控器配对等操作；赛队需自行编写、调试、下载及运行程序（在指定的机器人上）；赛队可重复在指定机器人上调试运行，直到演示成功或时间结束（多支赛队会分配同一台固定编号的机器人，赛队需轮流调试或演示）。

1.3.7 "模拟人生"——VEX IQ竞赛中蕴含的社会成功规律

VEX IQ不仅吸引了众多青少年选手的兴趣，甚至很多学生家长都积极参与，乐在其中。这其中一个重要原因，是VEX IQ竞赛规则设计精妙，蕴含了很多社会成功规律，体现了很多人生智慧。这些智慧经验不管是对青少年还是成年人，都是大有裨益的。

（1）合作共赢才是成功之道

从比赛内容看，最激烈、最重要的赛事是团队协作赛。VEX IQ团队协作赛的比赛规则和我们平时接触到的大多数其他竞赛的规则截然不同。它并不是独自奋斗，也不是以击败对手为目标，而是要通过和对手合作才能取得胜利。所以好的队伍不仅要自身实力强，还要能够帮助友队、善于协同作战——必要时候甚至要牺牲一些本队得分，来争取获得两队更高的综合得分。这和我们现实生活中的工作很像，绝大多数的工作不是打击对手，而是通过合作共赢实现的。

但是合作共赢并不意味着放松警惕，更不能放弃自我。因为到了最后计算总分和名次的时候，所有队伍又存在竞争关系。这个时候，只有自身实力强劲、一贯发挥出色的队伍才能脱颖而出。这就像社会工作中，既要善于合作、争取有利的环境和资源，又要善于战斗，力争上游，争取能在社会竞争中获得最后胜利。

（2）勤奋者总能取得不错的成绩

在比赛中有一个现象，就是某个地区的前几名总是某几支队伍。这些队伍未必每次都是冠军，但是基本都能获得一等奖或者前几名。这些队伍获胜的秘诀并不总是机器人的性能，因为在漫长的赛季机器人改进中，大家的机器人的性能会越来越接近。这些队伍成功的主要因素还是勤奋的训练和出色的操控能力。有了本队出色的得分能力，即使偶然遇到意外，或者较弱的友队，他们的成绩也不会太差。

（3）得冠军需要天时、地利、人和

勤奋的队伍可以获得不错的战绩，但是要想获得冠军则绝非只靠勤奋就可获得。以我们的一支实力强劲的队伍为例，以往三年曾三次获得北京市亚军，但总是离冠军一步之遥（冠军三次都是不同的队伍）。分析原因，就是获得冠军需要天时、地利、人和等条件齐备才行。具体

说来，要获得冠军，除了有性能先进的机器人和出众的比赛选手外，还要有经验丰富的教练、良好的比赛状态、合作队默契的战术策略、完备的后勤管理（电池和机器人维护），以及必要的运气（抽签抽到好的合作队）。只有以上各个因素都能争取达到很好的状态，才有更高的概率获得冠军。

》》（4）丰富的竞赛内容，总有一项适合你

最后，虽然想在VEX IQ比赛中获得冠军很不容易，但是并不意味着一般选手就没有机会。如前面所述，VEX IQ竞赛包括很多内容。团队协作赛主要考察团队合作能力、操控能力、机器人设计能力。技能赛主要考察机器人设计能力和编程能力。比赛设置的奖项除了上述内容外，还有巧思奖、设计奖、惊彩奖、活力奖等单项奖。只要选手喜欢并精通一项，就有获得奖项的可能。这很像是"条条大路通罗马"——每个人其实都可以在社会上找到适合自己的路径。

从比赛奖项看，最大奖是"全能奖"。这个奖一般授予在团队赛、技能赛等多个项目中综合表现最优异的队伍。能获得这个奖的，无疑是能在训练和比赛中，将上述诸多因素管理、控制得最好的队伍。

第 2 章

VEX IQ机器人硬件

VEX IQ机器人硬件主要由主控器、遥控器、传感器、塑料积木件、连接线及电池等部分构成。VEX IQ机器人的硬件种类繁多，大致可以分为以下几类：

VEX IQ机器人硬件

① 控制类硬件：它们相当于机器人的大脑和神经系统，包括主控器、遥控器、无线模块和电源部分。

② 信号与运动类硬件：它们相当于机器人的各种功能器官，包括传感器和智能马达等。

③ 结构类硬件：它们相当于机器人的躯干部件，包括各种塑料积木件。

2.1 控制类硬件：主控器、遥控器、无线模块和电源部分

主控器部分也是VEX IQ机器人的"大脑"。它可与电脑连接，传输程序，也可以连接智能马达（或电机）和各种传感器，接收传感器信号或者发送指令给智能马达或某些传感器。它还可以通过无线信号卡和遥控器连接，接收遥控器发来的操控信号。

（1）主控器

① 主控器采用ARM Cortex-M4处理器，每秒可处理百万条指令，支持单一操作中的浮点运算、256KB闪存、32KB RAM和12位模拟测量。

② 两侧有12路智能端口，可以连接智能马达和各种传感器。

③ 1路水晶头线接口，可以和遥控器进行连接"配对"。

④ 1路USB2.0数据线端口，可以和电脑连接传输程序。

⑤ 1路无线端口，可以插无线信号卡（参见②），实现与遥控手柄的无线连接。

⑥ 液晶显示屏可以显示命令菜单以及相关数据。

⑦ 配套有7.2V，2000mA可拆卸镍氢电池。

（2）主控器电池

7.2V，2000mAh镍氢电池，给主控器提供电能。

(3) 主控器电池充电器

可以兼容不同电压和频率，为主控器电池充电。充电时间为2~3小时。

(4) 无线信号卡

900MHz无线信号卡，128个频道，902~928MHz频段。

将2块无线信号卡分别插到主控器和遥控器的无线模块插槽，使主控器可以接收遥控器的操作信号（事先需要先将主控器和遥控器进行有线"配对"）。

(5) USB数据线

可以将主控器连接到电脑进行程序下载，并可连接主控器USB端口充电。

(6) 遥控器

① 遥控器可以通过无线WIFI模块与控制器配对，或者通过水晶头网线连接控制器并操控机器人。

② 遥控器有2个摇杆（各有水平和垂直两个编程项）、8个按钮。还有1个水晶头端口、1个USB端口（充电）、1个无线端口。

③ 遥控器可以使用3.7V、800mAh锂电池供电，一次充电可使用超过50小时。

(7) 遥控器电池

遥控器专用3.7V、800mAh锂电池。

(8) 水晶头连接线

可以连接遥控器和主控器，能够有线操作机器人，可在充电的同时有线控制机器人、固件更新等。

2.2 信号与运动类硬件：智能马达和传感器

各种传感器就像机器人的感知器官，可以让它识别声音、颜色、触碰等不同信号。智能马达则像机器人的运动器官，可以使它具有运动能力。

（1）智能马达

① 智能马达（或电机）的转动端口可以旋转，从而驱动连接的车轮或者机械臂等外接部件转动。

② 电机内置处理器，具有正交编码器和电流监视器，能通过机器人控制器进行控制和反馈。

③ 输出转速135r/s，编码器分辨率0.375º，输出功率1.4W，指令速率3kHz，采样率3kHz。采用MSP430微控制器，运行频率16MHz，有自动过流和过温保护功能。

④ 支持事件编程，可以通过程序控制速度、方向、工作时间、转速和角度。

（2）触碰传感器（即碰撞传感器）

① 触碰传感器可以检测到轻微触碰，可用来检测围墙或限制机器运动范围。

② 可以进行事件编程，如用手触碰它来激发机器人某些动作。

（3）超声波传感器

可以使用超声波方式测量距离，测量范围在1英寸（约2.54厘米）到10英尺（约3.048米）范围。测量速度可达3000次/秒。

（4）陀螺仪传感器

① 陀螺仪用于测量转弯速率并计算方向。能以500度/秒测量旋转速

率和3000次/秒测量速度。

② 采用MSP430微处理器，运行在16MHz、10MHz，SPI总线通信。

③ 三轴MEMS陀螺仪测量旋转速度，同时具有16位分辨率。

▶▶ （5）Touch LED（即触摸LED）

① 能感知外部触碰并可以用LED显示不同颜色。

② 内置处理器驱动智慧型感应器以及红绿蓝三色LED指示灯。

③ 能恒定开/关或按要求使LED闪烁。

④ 支持事件编程。

▶▶ （6）颜色传感器

① 可以检测物体的基本颜色、色调。

② 可以测量独立的红、绿、蓝共256级色值。

③ 可以检测环境光、灰度值。

④ 支持事件编程。

▶▶ （7）传感器/智能马达信号线

黑色水晶头连接线，可以连接主控器与传感器、智能马达，实现信号和命令传输。

🔩 2.3 结构类硬件：塑料积木件

塑料积木件包括结构件和传动件。结构件可以搭建机器人的"身体"，包括各种梁、轴、板、销等；传动件可以搭建机器人的"关节"和"脚"，包括轮、链条等。

▶▶ （1）双条梁

双条梁的宽度是2节，长度有2节、4节、6节、8节、10节、12节、

16节、18节、20节等规格。

　　双条梁比单条梁更结实，除了可以作连接、支撑、外形部件外，还可以作为简单承载部件、负载马达、传感器等其他部件。

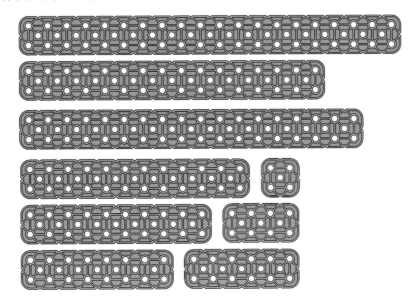

> **（2）单条梁**

　　单条梁是VEX IQ结构零件中的一类。顾名思义，它们的宽度只有1节，长度有3节、4节、6节、8节、10节、12节等不同规格。

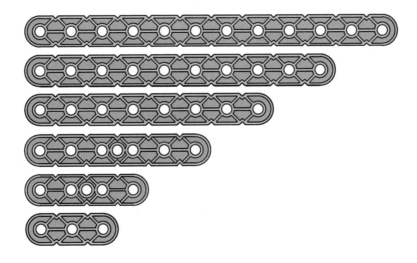

（3）板

板比梁更宽，一般宽度为4节，长度有4节、6节、8节、12节等不同规格。它主要起构形、承载、支撑等作用。

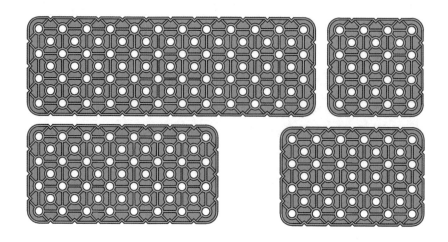

（4）特殊梁

特殊梁包括60°梁、45°梁、30°梁、大直角梁、小直角梁、T形梁、双弯直角梁、水晶线固定器等部件。

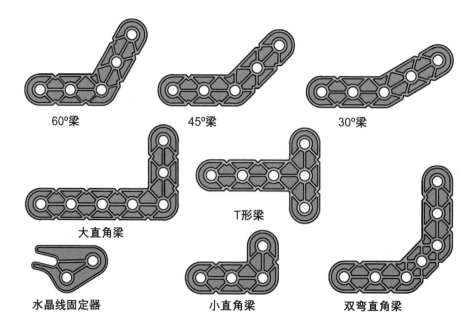

60°梁　　45°梁　　30°梁

大直角梁　　T形梁

水晶线固定器　　小直角梁　　双弯直角梁

▶ **（5）锁轴梁（板）**

锁轴梁（板）的中心孔为方孔，中间可以穿过轴（VEX IQ一般为方轴）。轴转动时，它可以随轴一起转动。

▶ **（6）短销、中销、长销**

销是最常用的连接零件，按照长度可以分为短销、中销和长销。

短销两端销头长度各等于一个梁（或板）的厚度，因此可以连接两个梁或板（1+1）。

中销一端的销头长度和短销的销头一样，另一端等于其2倍长度，因此中销可以连接三个梁或板（1+2）。

长销两端销头长度各等于2倍短销销头长度，因此可以连接四个梁或板（2+2）。

▶ **（7）钉轴销、轴销**

轴销一端是销，可以连接梁或板，另一端是轴点，可以连接齿轮或轮胎。

钉轴销和轴销类似，但是在销端多了一个钉帽，可以使连接更牢固。

▶ **（8）支撑销（连接杆）**

支撑销，也叫连接杆，或者柱节。它的作用和销类似，起到连接零件的作用，但是它的长度多种多样，可以实现更远距离的连接。

▶ **（9）连销器、直角连销器**

连销器可以把两个销连接在一起。

直角连销器可以把两个销垂直地连接在一起。

▶ **（10）角连接器**

角连接器有很多种，可以实现两个或者三个垂直方向上的梁、板的连接。

下面每行从左向右分别是：大直角连接器，五孔连接器，单孔连接器，小直角连接器，两孔长连接器，三孔连接器，五孔双向连接器，单孔（双销）连接器，两孔宽连接器，两孔连接器。

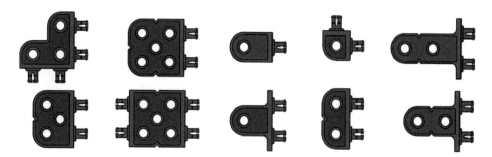

▶▶ （11）轮毂和轮胎

轮胎和轮毂可以组合成橡胶车轮。轮胎有100mm、160mm、200mm、250mm等规格。

胶圈可以和对应尺寸的滑轮组成小轮子。

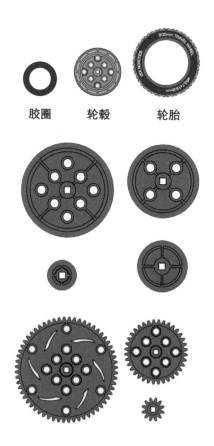

胶圈　　轮毂　　轮胎

▶▶ （12）滑轮

滑轮和皮带可以实现远距离动力传输和摩擦传动。

滑轮外径有10mm、20mm、30mm、40mm等规格。

▶▶ （13）齿轮

齿轮分为12齿、36齿、60齿等不同规格。它们可以相互组合成齿轮组，实现转速、转矩的变换。

（14）万向轮

万向轮轮毂上有2排横向小轮，这使得万向轮不仅可以前后滚动，还可以横向滚动。并且它在转弯时也更加灵活，没有什么侧向摩擦力。

（15）冠齿轮

冠齿轮能和齿轮啮合，能将运动方向转换90°。

（16）齿条

齿条能和齿轮组合成齿条传动机构，把齿条的平动转化成齿轮的转动，也可把齿轮的转动转化成齿条的平动。

（17）锥形齿轮

锥形齿轮和锥形齿轮组合，能将运动方向转换90°。

（18）差速器

差速器能和锥形齿轮组合成差速器传动装置。

（19）链轮

链轮和链条（或者履带）组合，可以组合成链传动装置，实现远距离动力传输，或者履带行进装置。

跟世界冠军一起玩VEX IQ机器人

》（20）链条和履带

链条由一节一节的链条扣组成，它可以和链轮组合成远距离传动装置。

履带是由一节一节的链条扣组成，它可以和链轮组合成履带行进装置。

》（21）链扣和拨片

链扣和拨片可以插在链条或者其他结构部件上。

拨片根据长短可以分为短拨片、中拨片和长拨片。它们插在链条上可以组成链传动拨动装置，来卷吸小球、圆环等物体。

》（22）塑料轴

塑料轴主要用于马达与齿轮、轮胎间的连接，可以作为各种轮装置的转动轴。它有不同长度规格。

》（23）封闭性塑料轴（钉轴）

封闭性塑料轴（钉轴）末端有个钉帽。和塑料轴相比，它只能连接一端，另一端可以穿过梁、板等结构并且起固定限制作用。

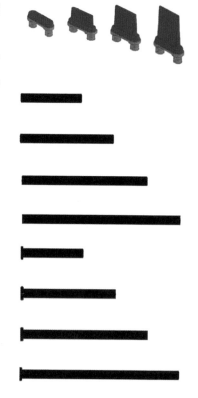

⟫ （24）马达塑料轴（凸点轴）

马达塑料轴（凸点轴）在靠近一端处有凸起的卡槽。短端正好可以插入马达的转动槽并卡住，另一端可以连接齿轮、轮胎等轮装置。

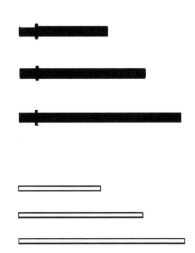

⟫ （25）金属轴

金属轴可以穿在各种轮装置中心作为转动轴。它有2倍、4倍、6倍、8倍间距等不同长度规格。金属轴比塑料轴结实得多，不会因为扭力过大而出现扭曲变形问题。

⟫ （26）橡胶轴套、轴套销

当轴连接齿轮或者轮胎时，一般在轴的外端套上橡胶轴套，防止齿轮或轮胎外滑脱落。

轴套销的一端是轴套孔，可以插轴。另一端是销，可以连接其他部件。

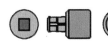

⟫ （27）垫片和垫圈

垫片一般配合轴使用，可以使轴连接的两个零件（如轮胎和梁）分开一点距离，避免相互间直接摩擦。

垫圈的作用和垫片类似，但是厚度更厚一些，分隔距离更大。

⟫ （28）皮带

皮带和滑轮可以组成滑轮套装，实现远距离动力传输和摩擦传动。

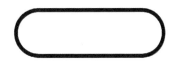

⟫ （29）橡皮筋

橡皮筋弹性较大，可以实现力的传递，或者捆绑加固局部结构。

2.4 常见的组装操作

VEX IQ产品种类虽然丰富多样，但使用起来却并不复杂。梁类结构通常采用连接销或者连接件扣合的方式来固定，轮式、链式、轴类结构则通常采用轴连接限位方式固定。下面介绍一些主要部件的拼装操作方式。

2.4.1 电子部件的常见操作

>> **（1）主控器电池的安装拆卸**

主控器需要电池来提供能量。主控器电池采用锁扣方式固定。安装时，将电池从主控器背面滑槽处套好插入，直到滑扣发出"咔哒"响声，表示电池已经装好。

拆卸的时候向下按住滑扣，然后向外拔出电池即可。

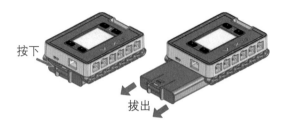

按下

拔出

主控器电池的安装拆卸

>> **（2）给主控器电池充电**

电池充电时需要准备好主控器电池、主控器电池充电器，以及充电器电源线。

电池充电器上有LED指示灯，其不同颜色代表电池的不同状态，见表2-1。

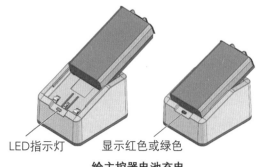

LED指示灯

显示红色或绿色

给主控器电池充电

表2-1 充电器LED指示灯状态说明

LED指示灯颜色		状态
🟢	绿色常亮	电池充满电
🔴	红色常亮	正在进行电池充电

续表

LED指示灯颜色		状态
	绿色闪烁	高温故障
	红色闪烁	电池电量不足或故障

（3）安装主控器的无线模块

主控器通过无线模块实现与遥控器的信号连接与信号传输。主控器无线模块安装方法如下：将无线模块上没有VEX标识的一面靠近液晶屏，然后对准插槽用力往下插入即可。

拆卸无线模块时，需要先将主控器电池拔出，然后按下主控器背面电池滑槽里面的红色按钮，同时拔出无线模块。

安装无线模块

（4）遥控器电池的安装拆卸

遥控器需要电池来提供能量。安装拆卸遥控器电池时需要准备小十字螺丝刀。具体步骤见下图。

拆卸无线模块

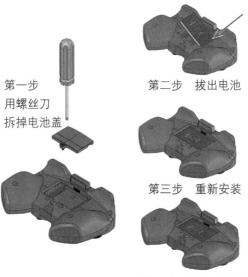

第一步　用螺丝刀拆掉电池盖

第二步　拔出电池

第三步　重新安装

第四步　装上电池盖

遥控器电池的安装拆卸

》》（5）给遥控器电池充电

遥控器电池跟主控器电池不一样，不能独立充电，只能安装在遥控器里面才能进行充电。常见充电方法主要有两种。

方法1：关闭遥控器电源，用USB适配连接线连接遥控器充电接口和电能USB接口进行充电。这也是推荐的充电方法。

方法2：关闭遥控器和机器人的主控器。通过双头水晶头线连接主控器和遥控器，打开主控器就会自动启动遥控器电池充电。

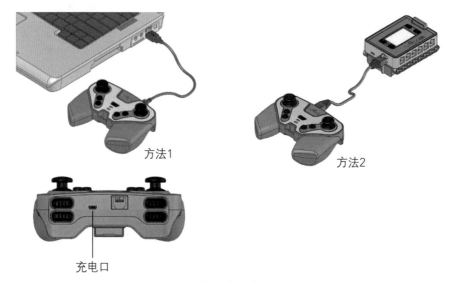

方法1

方法2

充电口

给遥控器电池充电

遥控器电池充电大约需要4个小时。充电过程中，控制器上的充电LED指示灯会呈红色常亮状态。当遥控器电池充满电后，指示灯会变成绿色。

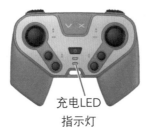

充电LED
指示灯

遥控器上的充电LED指示灯状态说明如表2-2所示。

表2-2　遥控器充电LED指示灯状态说明

LED颜色		状态
	绿色常亮	电池充满电
	红色常亮	正在进行电池充电
	红色闪烁	电量不足或电池故障
	关闭	没充电

（6）遥控器无线模块的安装拆卸

VEX IQ遥控器可以使用多种无线电类型，其中包括900MHz的无线电P/N：228-2621和新推出的2.4G无线电信号。在需要无线连接的主控器和遥控器上一定要使用相同类型的无线模块。

遥控器无线模块安装方法：遥控器无线模块的安装位置在背面上部，安装的时候注意有VEX标志的一面在顶部，顺着插槽插入之后，用力按压进去。

遥控器无线模块安装好之后一般很少拆卸，如果需要拆卸的话，可先用十字螺丝刀拆开电池后盖，用一根手指在下图所示部位顶压，另外一只手用力拔出。

手指顶压部位

遥控器无线模块的安装　　　　　　　遥控器无线模块的拆卸

》（7）主控器和遥控器的初始化无线配对

要实现主控器和遥控器的无线信号连接，需要先进行初始化无线配对操作，具体方法如下。

确保机器人主控器、无线模块和电池已安装；确保机器人遥控器、无线模块和电池已安装；准备好水晶头连接线。

机器人主控器与遥控器进行无线通信的前提是必须两两配对，配对好的遥控器不能操作其他主控器。如果机器人需要更换遥控器，必须把主控器和新遥控器重新配对。

配对之前，无线模块、电池必须安装到位。然后用水晶头连接线将主控器和遥控器连接起来。

连接好之后按确认键开机，打开主控器。该遥控器将自动和主控器配对。连线图标将出现在机器人主控器液晶LCD屏幕上。配对成功后可以拆除水晶头连接线。

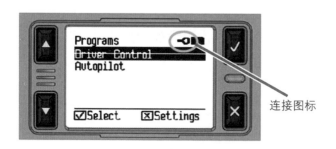

连接图标

此时在液晶显示屏上查看无线电信号栏图标，可以知道无线信号连接状态。如果机器人主控器的LED指示灯和遥控器的电源/通信指示灯是绿色闪烁状态。那么恭喜你，你的机器人主控器和遥控器配对成功！

如果机器人主控器和遥控器没有连接（一直显示动画"搜索"图标），请检查无线模块是否插紧，或把主控器遥控器都关闭，重复上述初始化过程。

无线信号图标说明见表2-3。

表2-3　无线信号图标说明

图标	说明
1　2　3　4 动画图标	搜索图标：搜索遥控器（还没连接上）
▬▬◻	连线图标：通过连接线连接上了
▪▄▅█	无线连接图标：成功连接无线电信号
	没有安装无线模块，没有连接线连接

（8）主控器和遥控器按键和指示灯说明

主控器开机：长按确认键。

主控器关机：长按X键。

遥控器开/关机：长按电源键。

如果主控器和遥控器已经无线
连接上了，那么关闭VEX IQ遥控

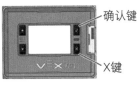

确认键

X键

电源键

遥控器　　　　主控器

器或机器人主控器，也会自动关闭另一个配对单位。

机器人主控器LED颜色指示灯在不同的工作状态下会显示不同的颜
色。LED指示灯说明如表2-4所示。

表2-4　机器人主控器LED指示灯状态说明

LED颜色		状态
	绿色常亮	主控器开机：没有无线连接（搜索信号）
	闪烁绿色	主控器开机：无线连接成功
	红色常亮	电池电量低：没有无线连接
	闪烁红色	电池电量低：无线连接成功

（9）遥控器按键介绍

VEX IQ遥控器的操作是由摇杆和按键来实现的。它一共可以控制8个通道。左右两个操作杆分别控制遥控通道A\B、C\D，另外还有4组按键控制通道E、F、L、R。

摇杆控制是渐变式操作，朝一个通道方向推动时，推动速度越快，电机转速越快。按键控制是一站式操作，按下按键时，电机会以最快速度转动。每组按键通道两个按键分别控制电机正反转。

2.4.2 结构部件的常见操作

（1）连接销

共有3种连接销，分别是1-1连接销（两端销头长度都为1节）、1-2连接销（两端销头长度分别为1节和2节）、2-2连接销（两端销头长度都为2节）。连接销拆卸方式如下图所示。

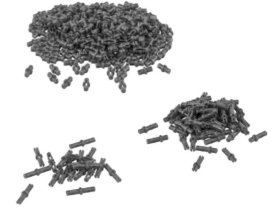

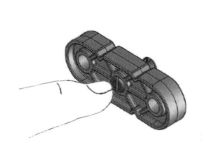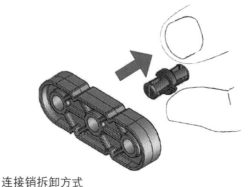

连接销拆卸方式

（2）塑料轴

塑料轴类分为电机轴、钉头塑料轴和普通的塑料轴3种。

① 电机轴　有3种长度的电机轴：2×电机轴、3×电机轴和4×电机轴。电机轴的安装方法如下图所示。

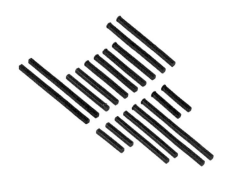

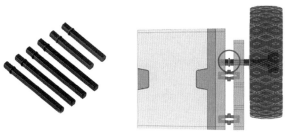

② 钉头轴　有4种长度钉头轴，分别是2×钉头轴、3×钉头轴、4×钉头轴和5×钉头轴。钉头轴安装方法如下图所示。

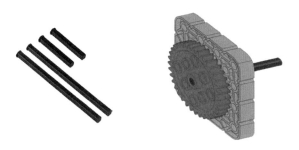

③ 塑料轴　有4种长度，分别是2×塑料轴、3×塑料轴、4×塑料轴和5×塑料轴，由于塑料轴自身没有卡位结构，因此装配的时候注意两头卡位。套上定位套即可卡位。

（3）金属轴

常用的金属轴有4种长度，分别是2×金属轴、4×金属轴、6×金属轴和8×金属轴。金属轴的使用方法和塑料轴一样，只是某些扭矩需求大，负载力大的地方可以用更加坚固的金属轴。装配轴的时候需要注意在可活动的一端必须加装限位轴套。金属轴装配方法如下图所示。

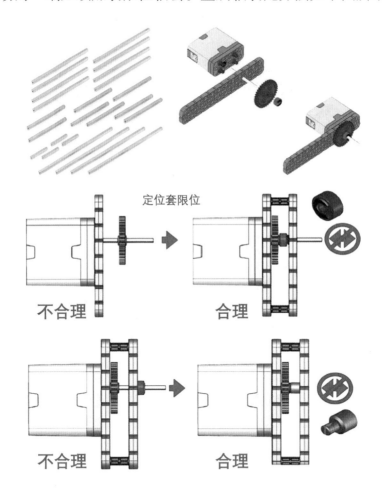

（4）支撑销类

常见有5种长度的支撑销，分别是0.5×支撑销、1×支撑销、2×支撑销、4×支撑销和6×支撑销。它们可以用来固定支撑底盘、制作容器，或者实现其他支撑用途。

① 底盘的固定支撑　支撑紧固，稳定电机输出结构。

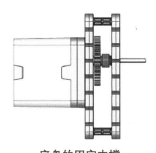

底盘的固定支撑

② 容器装置　如装球或其他物品。

容器装置

③其他支撑平衡装置

其他支撑平衡装置

（5）角连接件

角连接件可以连接相互垂直的结构件。有关类型如下图所示。

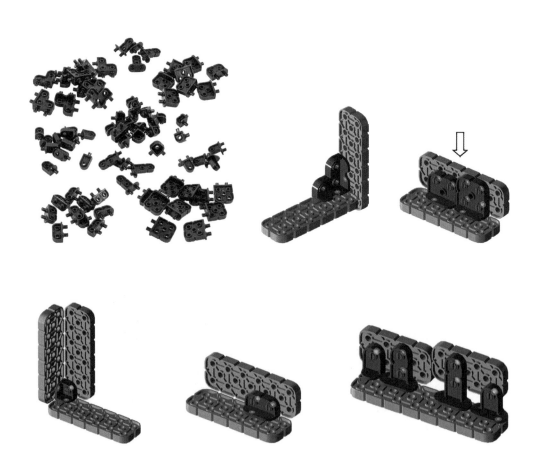

（6）齿轮

齿轮包括12齿齿轮、36齿齿轮和60齿齿轮等。齿轮、电机和轴的组合装配示范图如下。

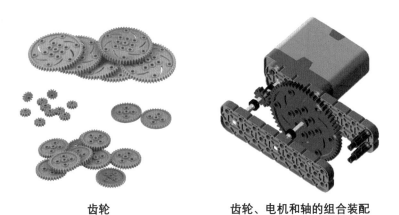

齿轮　　　　　　　　　齿轮、电机和轴的组合装配

（7）链轮套装

链轮套装包括8齿链轮、16齿链轮、24齿链轮、32齿链轮、40齿链轮和链条。

链条拆装方法：可用指甲或其他扁平类工具嵌入一端，即可拆开。安装的时候也是先卡入一端卡扣，再装紧两端。

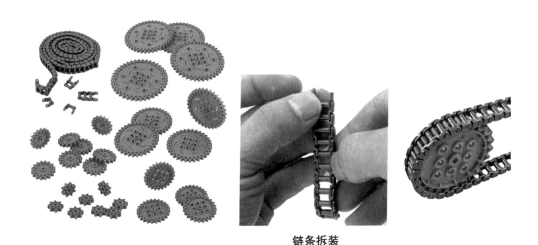

链条拆装

➤➤（8）履带轮套装

履带轮套装包括24齿链轮、短胶片、中胶片、长胶片、牵引脚和履带链。履带传动除了可以作为履带式底盘外，还有另外一种功能是作为输送装置。3种胶片和牵引脚是直接固定在履带表面双孔中的，作用是增大摩擦力和摩擦面。装配胶片和牵引脚的时候需要注意的地方就是不要装得太密集，隔段安装是最好的选择。

拆装履带方法和拆装链条方法一样。

➤➤（9）蜗杆

蜗杆可以改变驱动力的方向，将驱动力方向转换成和原来方向垂直的交叉方向。

蜗杆连接电机的组合装配示范

（10）差速器

机器人底盘差速器跟汽车差速器原理一样，是把发动机发出的动力传输到车轮上，充当汽车主减速齿轮，在动力传到车轮之前将传动系的转速减下来，将动力传到车轮上，同时，允许两轮以不同的轮速转动。

差速器连接电机的组合装配示范

（11）转盘套装

转盘套装包括小转盘衬套、小转盘外壳、大转盘衬套、大转盘外壳。

转盘的作用效果：可以不用两面都装支撑梁就可以固定轴和齿轮，既灵活，又实用，可以应用的地方很多。其缺点是搭建需求的面积较大，必须是梁板。

转盘范例

第  章

VEX IQ机器人
编程软件

VEX IQ支持多种编程软件，目前应用较广的是ROBOTC语言。本书将主要介绍ROBOTC编程语言及其开发环境，在第四章VEXIQ机器人案例中主要以ROBOTC编程语言为主，并附上VEXcode程序。

3.1 ROBOTC语言介绍

ROBOTC是由美国卡内基•梅隆大学机器人学院基于C语言开发的机器人编程语言。和其他编程语言相比，ROBOTC语言有以下优点。

① ROBOTC基于标准的C编程语言开发，并增加了专为机器人编程定制的扩展包。ROBOTC 4.X版本具有专门为VEX IQ设计的一百多个新命令和二百多个新的示例程序，对VEX IQ各项功能有良好的支持。C语言具有广泛的用户基础，并且是公认的硬件编程高效语言。有一定C语言编程基础的学习者可以快速掌握ROBOTC语言，学过ROBOTC语言的学习者也可以很快过渡到C语言编程。

② ROBOTC支持图形化编程（初学者模式）和C语言代码编程（专家模式）两种编程方式。用户可以在两种模式之间切换，并且可以将图形化程序转变成代码式程序（但反之不行）。ROBOTC图形化编程方式是一种只需要拖拽就能使用的积木式、模块化编程方式，适合初学者使用。ROBOTC代码编程方式适合较专业人员使用，功能和效率更好，具有函数拖拽和代码提示功能，还可以根据语法和代码结构自动缩进代码，可以在源码中设置断点。ROBOTC可用交互式调试器高效调试程序，可以查找五十多种故障原因。

③ 拓展性好，可以支持VEX IQ、VEX EDR、LEGO MINDSTORMSD等多种机器人系列。

④ 体积小巧，功能丰富。它的界面朴素简单，对计算机配置要求低。但它的功能很强大，有丰富的程序编写功能和调试功能，还有齐全的帮助文档和丰富的示例程序。

⑤ 使用方便，编写完程序后，可以通过USB数据线连接机器人快速传输程序，驱动机器人。调试窗口可以直观显示程序内部运行情况。

3.2 ROBOTC的下载和安装

ROBOTC可以从中文官方网站下载。下载ROBOTC安装包，用鼠标双击文件，进入程序安装界面。以下是安装过程中会出现的界面。

　　步骤1：出现欢迎界面后，点击"Next"按钮继续安装。

　　步骤2：出现授权协议界面后，选择第一项"I accept the terms in the license agreement"（我同意授权协议内容），然后点击"Next"继续。

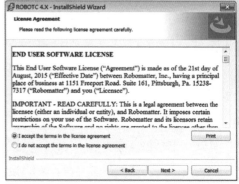

步骤1　　　　　　　　　　　　　　　　　　步骤2

　　步骤3：选择程序安装的目录（默认安装在C:\Program Files目录），选好后点击"Next"继续。

　　步骤4：进入选择安装模式的界面。默认选择是"完全安装"（Complete），选择后点击"Next"按钮继续安装。

　　步骤5：程序开始安装。后面的安装过程中会出现黑色的命令行模式窗口，等待它自动完成。

步骤4 　　　　　　　　　　　　　　　　　　步骤5

步骤6：安装过程中，可能会弹出对话框，询问是否安装某些设备驱动程序。这时选择"安装"即可。

步骤7：最后，出现安装结束的界面。此时，点击"Finish"（完成）按钮完成安装。

步骤6   步骤7

完成安装后，计算机左下角点"开始"→"所有程序"，会发现里面多了"ROBOTC 4.X"和"VEX Robotics"两个程序项。

桌面图标

"ROBOTC 4.X"程序项里面又包含了"Graphical ROBOTC for VEX Robotics 4.X"和"ROBOTC for VEX Robotics 4.X"两个子程序项，它们分别代表"图形化ROBOTC编程工具"和"代码化ROBOTC编程工具"。分别点击不同图标，可以打开不同的编程工具。

"VEX Robotics"菜单项里面则包括一个"VEXos Utility"的程序。它是进行VEX固件更新的程序。

另外，在计算机桌面上也会多出来4个图标。左侧两个绿色图标就是"图形化ROBOTC编程工具"和"代码化ROBOTC编程工具"两个编程工具的图标。右下角白色背景的图标是固件更新程序。右上角黑底有绿色问号的图标是帮助文档阅读器，可以打开查询帮助文档、示例代码等。

3.3 ROBOTC编程界面

ROBOTC有图形化编程和代码化编程两种方式。

下面是图形化编程工具界面（Graphical ROBOTC for VEX Robotics 4.X）和代码化编程工具（ROBOTC for VEX Robotics 4.X）界面。它们都包括菜单栏、工具栏、函数列表区、程序编辑区、编译区五个区域（需要在View视图菜单中全部选择显示属性）。

图形化编程工具界面

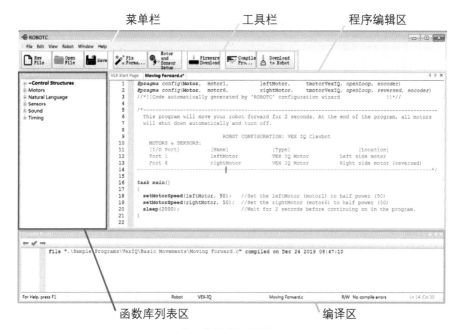

代码化编程工具界面

以代码化编程工具为例，看看ROBOTC开发工具的各项功能。

① 菜单栏：包括文件（File）、编辑（Edit）、视图（View）、机器人（Robot）、窗口（Window）、帮助（Help）六个一级菜单项。一级菜单项下面还有二级菜单项（有的还含三级菜单项），我们将在后面详细介绍每项命令。

② 工具栏：包括新建文件（New File）、打开文件（Open File）、保存（Save）、固定格式（Fix Format）、马达和传感器设置（Motor and Sensor Setup）、固件下载（Fireware Download）、编译程序（Compile Program）、下载程序到机器人（Download to Robot）八个常用工具。

③ 函数库列表区：列出了编程过程中会用到的命令和函数，支持拖拽功能。

④ 程序编辑区：这是编程工作区域。程序代码就是在这个区域进行编写。

⑤ 编译区：ROBOTC代码是面向用户的高级编程语言，但是并不

能直接被机器识别，必须经过编译，转化成机器可以识别的二进制机器语言，才能驱动机器人正常工作。编译过程中会检查源代码有无语法错误，当程序出现问题和错误时，会在编译区显示错误信息。另外在主控器运行时，编译区可以显示超声波传感器、颜色传感器、陀螺仪传感器等运行的状态信息。

下面将就菜单栏、工具栏、函数列表区、程序编辑区和编译区做详细介绍。

3.3.1 菜单栏

ROBOTC菜单栏里共有8个一级菜单项，每一级菜单中的内容如下所示。

>> **（1）"文件"（File）菜单**

它包括文件相关操作。

① New…：新建一个程序文件。它右侧三角箭头表示它还有子菜单。

② Open and Compile：打开并编译一个已经存在的程序。

③ Open Sample Program：打开示例程序。

④ Save：保存当前文件。

⑤ Save As…：将当前文件另存为一个新的文件。

⑥ Save As Macro File（RBC）：另存为宏文件。

⑦ Save All：保存所有文件。

⑧ Close：关闭当前文件。

⑨ Print：打印当前程序。

⑩ Print Preview：打印预览。

⑪ Page Setup：用页面指导方式设置打印设置。

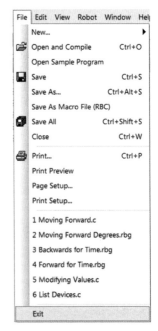

"文件"菜单

⑫ Print Setup：打印设置。

⑬ Exit：退出程序。

在Exit上面还有一个显示近期曾打开过的文件的区域。

（2）"编辑"（Edit）菜单

"编辑"菜单包括一些代码编辑命令。

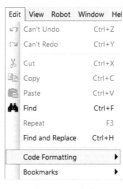

① Undo：撤销文档编辑窗口最后一步操作，返回上一步。程序保存或者没有可撤销的操作时，该项无效。

② Redo：重做撤销，即恢复undo操作。

③ Cut：剪切掉选中代码，并暂存在剪切板。

④ Copy：复制选中代码，并存在剪切板。

⑤ Paste：将剪切板内容粘贴在当前光标处。

"编辑"菜单

⑥ Find：在程序文件中查找文本或符号。

⑦ Repeat：和find联合使用，在程序中重复查找下一处查找项。

⑧ Find and Replace：在程序中查找到要找的文本或符号，并替换为指定的新文本或新符号。

⑨ Code Formatting：代码格式。该项包含子菜单，将在下面介绍其内容。

⑩ Bookmarks：书签。该项包含子菜单，将在下面介绍其内容。

Edit下的Code Formatting和Bookmarks中还有子菜单，介绍如下。

Code Formatting菜单项下面的三级菜单项分别是：

· Tabify Selection：把选区表格化，即把选择区的等效空格转换成制表符。

· Untabify Selection：把选区非表格化，即把选择区的等效制表符变成空格。

· Format Selection：把所选区域格式

Code Formatting子菜单

化。转换、修正选择区的缩进等格式。

·Tabify Whole File：把整个文件表格化，即把程序的等效空格变成制表符。

·Untabify Whole File：把整个文件非表格化，即把程序的等效制表符变成空格。

·Format Whole File：把整个文件格式化，即转化程序文本并修正缩进。

·Toggle Comment：切换注释。插入或者去掉注释符号。

·Comment Line(s)：在选择的代码或者行前插入注释符号。

·Un-Comment Line(s)：去掉注释符号。

Bookmarks菜单项下面的三级菜单项分别是：

·Find Prev Bookmark：移动文本光标到前一个书签。

Bookmarks子菜单

·Find Next Bookmark：移动文本光标到下一个书签。

·Clear All Bookmarks：从当前程序清除所有书签。

·Toggle Bookmark：切换书签。在当前文本光标处设置或去除书签。

（3）"视图"（View）菜单

"视图"菜单包括和内容显示有关的命令。

① Source:（filename）：显示当前打开的文件名。冒号后面是文件名称。

② Function Library(Text)：切换软件界面左侧是否显示函数库列表栏。

③ Compiler Errors View：切换软件界面下方是否显示编辑错误栏。

④ Find In Files View：在多个文件中

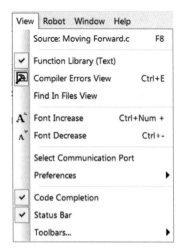

"视图"菜单

查找指定文本。

　　⑤ Font Increase：代码字号加大。

　　⑥ Font Decrease：代码字号减小。

　　⑦ Select Communication Port：选择ROBOTC使用哪个COM通信端口来联系机器人。

　　⑧ Preferences：首选项。

　　⑨ Code Completion：代码完成。当选中该项后，输入代码部分字符，程序会提供建议内容。

　　⑩ Status Bar：状态栏显示开关。

　　⑪ Toobars：工具栏显示开关。

View菜单的Preference和Toolbars还有子菜单项。

Toolbars菜单项下面的三级菜单项分别是：

· Big Icon Toolbar：是否显示大图标工具栏。

· Toolbars…：是否显示小图标工具栏。该项

Toolbars子菜单

目下有Standard（标准）、Edit（编辑）、Compile（编译）、Bookmark（书签）、Debug（调试）、Customize（定制）等选项，可多选。

Preferences菜单项下面的三级菜单项分别是：

· Show Splash Screen on Startup：打开软件时显示启动画面。

· Close Start Page on First Compile：编译时关闭初始页面。

· Auto File Save Before Compile：编译前自动保存文件。

· Open Last Project on Startup：打开软件时显示最后一次项目。

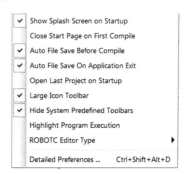

Preferences子菜单

· Large Icon Toolbar：大图标工具栏。

· Hide System Predefined Toolbars：隐藏系统预定义工具栏。

· Highlight Program Execution：标记执行的程序。

· ROBOTC Editor Type：ROBOTC编辑器类型。该项下面还有两个子项，分别是Text Editor Only（仅文本编辑器）和Graphics Editor Only（仅图形编辑器）。

· Detailed Preferences…：详细的首选项。

（4）"机器人"（Robot）菜单

"机器人"菜单介绍和机器人有关的命令。

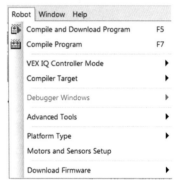

"机器人"菜单

① Compile and Download Program：编译和下载程序到机器人。

② Compile Program：编译当前程序但不下载到机器人。

③ VEX IQ Controller Mode：选择VEX IQ控制器模式。有TeleOp遥控器模式，和Autonomous自动程序模式。

④ Compiler Target：选择下载程序到物理机器人或"虚拟世界"程序。

⑤ Debugger Windows：切换是否显示debug调试器窗口。该项只有计算机连接机器人时可用。

⑥ Advanced Tools：高级工具。提供了一些附加项内容。

⑦ Platform Type：指明程序是为哪种机器人控制器平台设计的。

⑧ Motors and Sensors Setup：马达和传感器设置。

⑨ Download Firmware：下载固件。

上述Robot菜单项中的多个二级菜单项都有子菜单，下面分别介绍。

VEX IQ Controller Mode菜单项下面三级菜单项是：

VEX IQ Controller Mode子菜单

· TeleOp-Remote Controller Required：无线遥控程序。

· Autonomous-No Controller Required：自动控制程序。

Compiler Target菜单项下面的三级菜单项是：

· Physical Robot：实体机器人。

Compiler Target**子菜单**

Advanced Tools菜单项下面的三级菜单项是：

· File Management：文件管理。

· Software Inspection：软件检查。

· VEX IQ Joystick Viewer：VEX IQ游戏杆查看器。

Advanced Tools**子菜单**

Platform Type菜单项下面的三级菜单项是：

· VEX IQ:VEX IQ机器人。

· VEX Robotics：VEX机器人。该项下面还有四级菜单，分别是"VEX 2.0 Cortex"和"VEX IQ"。

· Natural Language：自然语言。

Platform Type**子菜单**

Download Firmware菜单项下面的三级菜单项是：

· Standard File（VEX_IQ_1056.bin）：标准文件（VEX_IQ_1056.bin）。

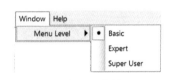

Download Firmware**子菜单**

（5）"窗口"（Window）菜单

"窗口"菜单介绍和窗口显示有关的命令。

Menu Level：菜单级别。下面有Basic（基础）、Expert（专业）、Super User（超级用户）三种模式。

"窗口"菜单

Basic模式隐藏了大多数高级选项，使界面更简洁易用，适合新用户。

Expert模式显示大多数高级选项，适合有经验的用户。

Super User模式显示所有高级选项，可以全面利用ROBOTC功能。

（6）"帮助"（Help）菜单

① Open Help：打开ROBOTC内建帮助文档。

② Open Online Help（Wiki）：打开在线帮助
（需要网络连接）。

③ ROBOTC Live Start Page：ROBOTC起始页。

④ ROBOTC Homepage：打开ROBOTC主页。

⑤ Manage Licenses：管理许可证。

⑥ Add License：添加激活新许可证。

⑦ Purchase a License：购买一个许可证。

⑧ Check for Updates：检查程序是否可更新。

⑨ About ROBOTC：关于ROBOTC的版本号和法律信息等。

Help帮助文档对于ROBOTC编程帮助很大。如果在编程过程中遇到
问题，例如有不了解的函数、命令等，可以通过查阅帮助文档来找寻
答案。

步骤1： 点击ROBOTC编程工具菜单栏最后一项"Help"—"Open
Help"，或者直接按快捷键F1，可以打开帮助文档。

步骤2： 帮助工具首页选择用户语言，然后点"OK"确定。

步骤3： 打开帮助预览器，可以浏览帮助文档，也可以用search搜
索关键字来查询相关内容。

选择用户语言

打开帮助预览器

3.3.2 工具栏

如果选中菜单"View"—"Toolbars"—"Big Icon Toolbar"，则会在ROBOTC编程软件的菜单栏的下方显示大图标工具栏。它是一排横着排列的图标按钮。

大图标工具栏

如果在菜单"View"—"Toolbars"—"Toolbars"中选中Standard（标准）、Edit（编辑）、Compile（编译）、Bookmark（书签）、Debug（调试）、Customize（定制）的一种或几种（可多选），还会在大图标工具栏上面显示小图标工具栏。下面图片中黄色框处为小图标工具栏。它只列出了选中Standard（标准）时的样子。

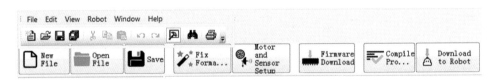

小图标工具栏位置

下面介绍大图标工具栏的内容。

① 新建文件（New File）：创建一个新程序。

② 打开文件（Open File）：打开一个已经存在程序。

③ 保存（Save）：保存当前程序。程序编译时也会自动保存。

④ 固定格式（Fix Format）：重新定义文件格式，设置缩进、布局等。

⑤ 马达和传感器设置（Motor and Sensor Setup）：设置马达和传感器信息。

⑥ 固件下载（Fireware Download）：下载最新固件程序到机器人。

⑦ 编译程序（Compile Program）：编译当前程序但不下载到机器人。

⑧ 下载程序到机器人（Download to Robot）：编译程序并下载到机器人。

下面再详细介绍一下"马达和传感器设置"（Motor and Sensor Setup）内容。单击图标，会弹出下图中的标签页窗口。在这个窗口中，有Standard Models（标准模型）、Motors（马达）、Devices（设备）三个标签页。

首页的Standard Models（标准模型）一般使用默认设置，不必进行修改。我们关注的是Motors（马达）和Devices（设备）这两个标签页内容。

当我们搭建一个机器人，可能会用到一些马达和传感器设备。它们会连接到机器人主控器的不同端口上（主控器一共12个端口）。我们要根据主控器每个端口的真实连接情况，在Motors（马达）标签页和Devices（设备）标签页中进行设置，也就是要设置主控器每个端口连接的马达、设备名称以及类型。

"马达和传感器设置"标签页窗口

　　首先，我们点击窗口上方中间位置的Motors（马达）标签页，进入马达设置窗口。每个马达端口有两种状态类型，分别是"No motor"（无马达）和"VEX IQ Motor"。如果某个端口连接了马达，就需要把马达类型设为VEX IQ Motor。设置完马达类型后，后面"Reversed"（反转）和"Drive Motor Side"（马达位置）属性也将变成可用状态。

马达设置窗口

　　在上图这个示例中，端口1（Motor1）和端口6（Motor6）连接了马达，所以类型被设置为VEX IQ Motor。为了便于在程序中分辨不同马达，可以在"马达名称"文本框给每个马达单独命名，此案例中的两个马达分别被命名为"leftMotor"和"rightMotor"。马达名称可以在程序中被直接使用。

　　每个马达后面有个"Reversed"（反转）属性选项，如果勾选了这一项，那么马达的转动方向将和本来的转动方向相反。使用这个属性，可以方便地改变马达方向，而不必挨个改写原来的马达代码。

　　"Drive Motor Side"（马达位置）属性则可以说明马达是机器人哪一侧的驱动马达。该属性有"Left"（左侧）、"Right"（右侧）和

"None"（不设置）三个选项。VEX IQ函数列表"Simple Behaviors"
"Line Tracking"等类别的命令（如backward、forward、turnleft、
tureRight、lineTrackRight），以及遥控器等高级函数的一些命令（如
arcadeControl、tankControl），都涉及对左右驱动马达的控制。设置好
马达位置属性后，就可以使用这些函数命令了。

接下来，再看看Devices（设备）标签页的内容。单击"马达和传
感器设置"上方右侧的Devices（设备）标签页。弹出的Devices窗口的
内容和前面Motor窗口类似，也有端口、设备名、传感器类型等内容。
区别之处是"传感器类型"不限于马达（Motor），还有距离传感器、
Touch LED灯、触碰传感器、陀螺仪传感器和颜色传感器等多种类型。
其中，颜色传感器可以设置三种工作模式，分别是色调模式、灰度模式
和颜色名模式。

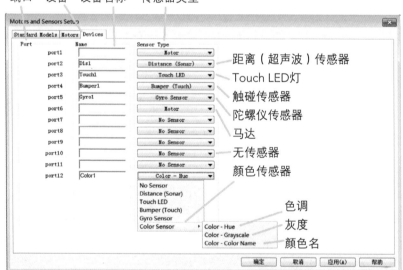

设备标签页

在"马达和传感器设置"（Motor and Sensor Setup）里面设置的马
达和设备信息，会在程序代码开头的预处理部分转化为预处理代码。例
如，按照上图设置完马达和传感器后，程序开头会自动生成设备定义
代码。

```
#pragma config(Sensor, port2, Dis1, sensorVexIQ_
Distance)
#pragma config(Sensor, port3, Touch1, sensorVexIQ_LED)
#pragma config(Sensor, port4, Bumper1, sensorVexIQ_
Touch)
#pragma config(Sensor, port5, Gyro1, sensorVexIQ_Gyro)
#pragma config(Sensor, port12, Color1, sensorVexIQ_
ColorHue)
#pragma config(Motor, motor1, leftMotor, tmotorVexIQ,
openLoop, encoder)
#pragma config(Motor, motor6, rightMotor, tmotorVexIQ,
openLoop, reversed, encoder)
```

完成"马达和设备设置"后，就可以编写程序代码。编完程序后，点击工具栏中"编译程序"（Compile Program）进行程序编译，生成可以被机器识别的机器语言。或者用USB数据线将机器人主控器连接到计算机上，点击工具栏上"下载程序到机器人"（Download to Robot），可以编译程序并传到机器人主控器上。之后，就可以在主控器上运行程序，驱动机器人完成各项功能了。

3.3.3 函数库列表区

如果在菜单"View"—"Function Library(Text)"选中打钩，则会在ROBOTC界面的左侧显示函数库列表区。程序中的函数和命令都可以在这个区域找到，不需要自己手动编写。例如要编写关于马达的代码时，只需要点开Motors项目，就可以看到关于马达的所有函数。这时，只要用鼠标把需要

控制结构
马达
自然语言
传感器
声音
计时

的函数拖到编程区就可以使用了。

函数库列表区中显示的函数数量，也受菜单"Window"-"Menu Level"选项影响。如果选择菜单级别为Basic（基础），则只显示少数基本函数库。选择Expert（专业）、Super User（超级用户）模式会显示更多函数。

3.3.4 程序编辑区和编译区

程序编辑区是编写代码的区域。关于代码编写的知识将在后面介绍。

编译区是在编写完程序代码后，进行代码编译时显示信息的区域。如果某些代码有错，编译区会给出错误提示，方便用户调试程序。

3.4 ROBOTC编程语言

ROBOTC语言和标准C语言比较类似，其程序体是由变量、常量、运算符、命令、函数等构成的。

我们以一个示例程序看一下它的代码基本结构。我们用菜单"File"—"Open Sample Program"命令打开一个ROBOTC自带的示例程序..\Sample Programs\VexIQ\Basic Movements\Moving Forward.c作为范例。这是一个驱动小车前进的程序。它驱动小车左右马达转2秒，使小车前进。

3.4.1 程序格式

（1）编译预处理部分

在"Moving forward"程序开始部分有两行以#开头的代码，这是编译预处理行。

```
#pragma config(Motor,motor1,leftMotor,tmotorVexIQ,open
Loop, encoder)
#pragma config(Motor,motor6,rightMotor,tmotorVexIQ,ope
nLoop, reversed, encoder)
```

编译预处理是在编译前对源程序进行的一些预加工，可以由编译系统的预处理程序进行处理，在编译时将预处理行的信息嵌入到程序中去。编译预处理可以改善代码编写质量，便于编写、阅读、调试和移植。

在本例中的两行，定义了主控器1号、6号端口连接的马达的信息，如马达类型、名称、是否反转等。这两个马达被命名为leftMotor和rightMotor。主程序可以使用这些更有辨识度的设备名称进行编程。

（2）注释部分

预编译部分下面是几行绿色的注释部分。注释符号可以用"//"开头（行注释符）注释掉右侧一行内容，或者用成对的"/*"和"*/"符号注释掉中间的所有内容。注释部分将不会参与程序代码的编译和执行，它们只起说明、解释作用。

对于复杂的程序，经常添加注释是非常必要的，能帮助编程者和其他人更容易阅读和理解程序代码的含义。

（3）程序主体

程序主体是程序最重要的部分，程序主要功能都是在这一部分实现的。

所有ROBOTC主程序都必有由一个task main（）主任务函数引导，后面是一对成对出现的大括号"{"和"}"，它们指明了程序体的开始和结束。

如下所示的程序主体，其含义是设定左、右马达功率为50（一半功率），然后等待2000毫秒（在此期间，马达一直按设定速度转动，使车前进）。

```
task main()
{
    setMotorSpeed(leftMotor, 50);
    setMotorSpeed(rightMotor, 50);
    sleep(2000);
}
```

在这个程序体中，有三行代码。每行代码以分号";"作为语句结束标志。

本程序代码使用了setMotorSpeed（设置马达速度）和sleep（等待）函数，后面的小括号"（）"中是函数需要的参数。如果有多个参数时，参数之间要以逗号","进行分隔。

3.4.2 变量

稍微复杂的程序会用到各种数据，数据往往以常量（const）或者变量的形式保存。常量就是在程序执行过程中永远不会变的量。变量则是程序执行过程中可以变化的量。

ROBOTC支持四类数据类型，也就是可以定义四大类变量，如表3-1所示。

表3-1 ROBOTC支持的数据类型

数据类型	关键字	说明	示例
整型	int long（长整型） short（短整型） byte（字符型） Ubyte（正整数字符型）	int,long,short,byte可以表示正、负整数和0。Ubyte表示正整数 int和long用32位（4字节）表示，取值范围为 −2,147,483,648～+2,147,483,647 short用16位（2字节）表示，取值范围为−32768～+32767 byte用8位（1字节）表示，范围为−128～+127 Ubyte也是用8位（1字节）表示，范围为0～+255	1,2,3,0, −2
浮点型	float	可以表示小数，用32位（4字节）表示	0.5, 0.123, −0.3
字符型 字符串型	char string	char可以表示ASCII码字符，用8位（1字节）表示 string可以表示20个ASCII码字符串，占160位（20字节）	a,b,c,F,G,$ strung
逻辑型	bool	真假逻辑值，占8位（1字节）	0（假）， 1（真）

　　上面的程序示例中，我们可以为马达速度的数据设定一个整型变量spd，为等待时间的数据设定一个整型变量waittime。并在声明变量的同时，给它们赋值（也可以先声明变量，后给它们赋值）。在变量声明、赋值之后，命令和函数可以直接使用这些变量。

　　使用变量的范例程序和前面的Moving forward范例程序执行的操作是一样的。使用变量的好处，是在程序执行过程中，可以随时更换变量的值，使得程序功能更灵活、强大。

```
task main()
{ int spd=50;
  Int waittime=2000
  setMotorSpeed(leftMotor, spd);
```

```
    setMotorSpeed(rightMotor, spd);
    sleep(waittime);
}
```

变量有命名规则，变量名必须是以字母或下划线开头，以字母、数字或下划线组成的字符序列，中间不能有空格、符号。变量名不能和ROBOTC保留关键字或者已有函数重名。

3.4.3 运算符

各种类型的常量、变量和数据，可以使用相应的运算符进行运算。ROBOTC主要有以下类型的运算符，见表3-2。

表3-2 ROBOTC运算符类型及说明

运算符类型	符号	说明
算术运算符	+，-，*，/，%，++，--	加，减，乘，除，模（余数），自增，自减
关系运算符	>，<，==，>=，<=，!=	大于，小于，等于，大于等于，小于等于，不等于
逻辑运算符	!，&&，||	逻辑非，逻辑与，逻辑或
赋值运算符	=	赋值

3.4.4 常用命令和控制结构

ROBOTC程序一般由三种控制结构组成，分别是：顺序结构；选择结构（或分支结构）；循环结构。

下面将分别介绍这三类控制结构。

>> **（1）顺序结构**

顺序结构是最简单的结构，就是按照语句顺序，从前向后依次执行。前面的Moving forward示例程序就是这样一种结构。

>> **（2）选择结构**

当程序执行到某一环节时，需要对某个条件进行判断，根据判断不同，选择不同的后序分支程序。最简单的是二分支选择，也可以有多分支选择结构。

ROBOTC常见选择语句有if语句、if…else结构语句、if…else if…多重嵌套结构以及switch…case多分支结构。

① if选择结构　if结构括号内为条件表达式（判断条件）。在满足判断条件时（判断值为真，值为非零）执行语句块，不满足判断条件时（判断值为假，值为0）不执行语句块，直接跳过。条件表达式可以是关系表达式、逻辑表达式或算数表达式。

② if…else选择结构　为两路分支结构。先对条件表达式进行判断，如果条件成立，则执行语句块1，如果条件不成立，则执行语句块2。

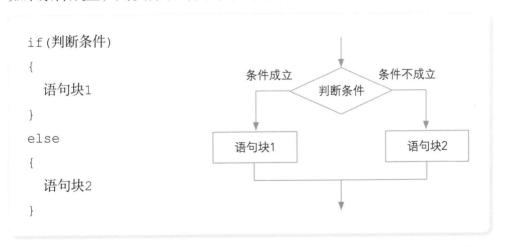

③ if…else if…多重嵌套选择结构　if…else结构也可以多次嵌套，形成多分支选择。下图是一个两层嵌套的选择结构。由上向下依次判

断，如果判断条件1成立，则执行语句块1。如果条件1不成立，则进入嵌套选择结构，进行条件表达式2的判断，如果条件2成立，则执行语句块2。如果所有判断都不成立，则执行语句块3。

这种嵌套也可更多，形成n层嵌套。

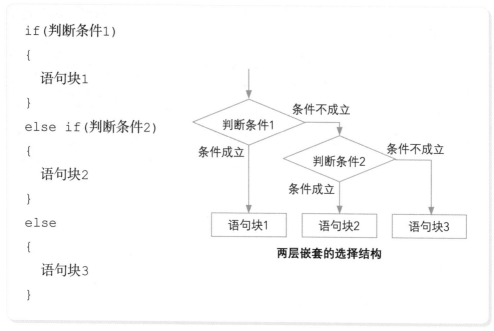

```
if(判断条件1)
{
    语句块1
}
else if(判断条件2)
{
    语句块2
}
else
{
    语句块3
}
```

两层嵌套的选择结构

④ switch – case选择结构　switch – case结构也是多分支选择结构，但是和if…else if…这种多条件并列结构判断不同，switch是单条件判断。如果条件表达式的值等于case X的值，则执行语句块X。如果不等于所有case分支的值，则执行默认语句块分支。

```
Switch(判断值)
{
    Case1: 语句块1;
    Case2: 语句块2;
    Case3: 语句块3;
    Default: 语句块4;
}
```

▶ （3）循环结构

循环结构是将语句块重复执行若干遍的结构，常见的有while、do…while、for结构等。

① While循环结构　当满足判断条件时（判断值为真，或者值为1），while结构重复循环执行语句块，直到条件不再满足时，退出循环。

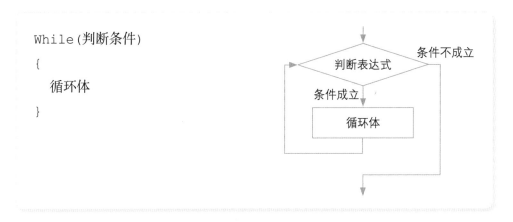

② do…while循环结构　do…while结构和while结构的区别是，先执行一次循环体，然后再进行条件判断。如果满足条件就继续循环，如果不满足条件就退出循环。

③ for循环结构　while循环是一种依赖于条件判断的循环结构，只要满足判断条件就执行循环，对于循环多少次不太关注。如果想执行特定次循环，则可以使用for循环结构。

for循环也是先判断，后循环。它一般有3个参数，分别是判断指标的初始值、判断条件（终止值）和步长增量（可以为负值）。每次，程序会先判断指标数值是否满足判断条件，满足的话开始执行循环体，并给指标增加一个步长的变化量。

然后第二次循环，再次判断……直到指标不满足判断条件时，循环结束。

3.4.5 函数

函数是能够完成特定任务的、可以重复调用的C语句的集合。需要使用该功能时，直接调用函数就行，不必重复写相同的代码。修改该功能时，也只要修改这个函数就行。因此，函数的一个重要好处就是可以重复调用。

ROBOTC函数库有很多预设好的函数，如数学函数sin（）、cos（）、abs（）等，前面示例Moving Forward程序中的setMotorSpeed（）、sleep（）等也是专门为VEX IQ开发的函数。

编程者也可以自定义函数。自定义函数的格式是：

```
函数类型  函数名（类型标识符  形参1，类型标识符  形参2，…）
{
    函数体
}
```

函数一般可以设置一个返回值，但也不是必需的。对于不需要返回结果的函数，可以将其类型设为void类型。

对于前面示例Moving Forward程序，我们可以改写成函数调用的形式。

```
void movingforward(int a, int b)
{
  setMotorSpeed(leftMotor, a);
  setMotorSpeed(rightMotor, a);
  sleep(b);
}
task main ( )
{
  movingforward(50,2000);
  movingforward(70,2000);
  movingforward(90,2000);
}
```

在上面例子中，我们把原来主程序main（ ）里面的代码移到了自定义函数movingforward（ ）中，然后在主程序中3次调用函数movingforward（ ），并且通过改变函数形式参数的数值，使马达速度从50，变到70，再到90，方便地实现加速。

3.4.6　常用字符串

ROBOTC的专用函数名中常会出现get、set等字符串，如getMotorEncoder 、setMotorSpeed等。在此，我们说一下常用字符串的含义。

① get：表示获取，常用于判断条件语句，一般在while（ ）、if（ ）的括号中出现，如if（getColorName）。

② set：表示设置，后面一般加上要设置数值的对象，如示例程序中给指定马达设置速度（功率）的函数setMotorSpeed(leftMotor, 50)。

③ sleep：表示等待，即上一个程序运行的时间。如示例程序中sleep(2000)就是等待2000毫秒（也是前面语句马达转动的时间）。

④ reset：表示重置。如马达根据需要转动一定角度后，可以用重置命令，改变马达角度为0的初始位置resetMotorEncoder(leftMotor)。

⑤ target：设置马达目标值，常和set配合出现，如setMotorTarget（ ）函数。

⑥ degrees：表示角度，陀螺仪的旋转角度用degrees表示，一般与get配合出现，如获得陀螺仪gyroSensor的角度可以用函数getGyroDegrees（gyroSensor）。

⑦ value：表示数值，常和get配合使用，如getColorValue（colorSensor）。

⑧ repeat：表示重复，可以指定重复的次数，如repeat（5）。

⑨ waitUntil：一直等到…时候，如waitUntilMotorStop(leftMotor)。

⑩ threshold：表示阈值。阈值是一个设定的门槛数值，可以在程序中设定某个数值大于、小于或等于阈值时，触发某个操作。在遥控器摇杆编程中常用到阈值。

3.5 ROBOTC传感器常用函数

3.5.1 马达函数

马达函数是ROBOTC里面函数最多的传感器，下面我们列出相关函数。函数后面括号中参数，表示如下意义。

nMotorIndex：马达索引，可以是马达名称或者端口号，数据类型为ubyte。

nSpeed：速度，取值范围为 – 100 ~ 100（符号表示反向），数据类型为short。

nPosition：马达要转到的位置，一般用马达编码器值表示，数据类型为long。

（1）自然语言函数

① moveMotorTarget(nMotorIndex, nPosition, nSpeed)：指定马达按照指定速度运动指定距离（编码器值）。

② resetMotorEncoder(nMotorIndex)：重置马达编码器值为0。

③ setMotor(nMotorIndex,nSpeed)：设置指定马达的速度。

④ setMotorReversed(nMotorIndex, true)：设置指定马达运动是否反向，true为反向，false为不反向。

⑤ setMotorTarget(nMotorIndex,nPosition,nSpeed)：指定马达按照指定速度运动到指定编码器值。如果设定值小于马达当前值，马达将反向运动，直到设定值。

⑥ setMultipleMotors(nSpeed,nMotorIndex1,nMotorIndex2, …)：设置多个（最多4个）马达速度。

⑦ stopAllMotors（ ）：停止所有马达。

⑧ stopMotor(nMotorIndex)：停止指定马达。

⑨ stopMultipleMotors(nMotorIndex1,nMotorIndex2, …)：停止所有指定马达（最多4个）。

（2）ROBOTC函数

① getMotorBrakeMode(nMotorIndex)：返回指定马达的刹车模式（有滑行、刹车和刹车定位三种）。

② getMotorCurrent(nMotorIndex)：得到指定马达的mA值。

③ getMotorCurrentLimit(nMotorIndex)：得到指定马达的mA限定值。

④ getMotorCurrentLimitFlag(nMotorIndex)：返回一个布尔值，指示指定马达是否超过了限制值（由setMotorCurrentLimit设定）。返回0表示当前是安全值，1表示已超过限制。

⑤ getMotorEncoder(nMotorIndex)：得到指定马达的编码器值。

⑥ getMotorEncoderUnits（）：返回当前马达编码器单位类型，有三种类型。encoderDegrees，角度模式；encoderRotations，圈数模式；encoderCounts，编码器值模式。

⑦ etMotorOverTemp(nMotorIndex)：返回一个布尔值，指示指定马达内部温度是否已经超过温度限制。0为安全温度，1为超限温度。

⑧ getMotorSpeed(nMotorIndex)：返回指定马达的速度值。

⑨ getMotorZeroPosition(nMotorIndex)：返回一个布尔值，指示指定马达是否到达指定编码器值。1为到达，0为没有到达。

⑩ getMotorZeroVelocity(nMotorIndex)：返回一个布尔值，指示指定马达速度是否为0。返回1代表已经停止，0代表还未停止。

⑪ getServoEncoder(nMotorIndex)：得到指定马达的当前位置值（servo模式）。

⑫ setMotorBrakeMode(nMotorIndex, motorHold)：设置指定马达的刹车模式（有滑行、刹车和刹车定位三种）。

⑬ setMotorCurrentLimit(nMotorIndex,limit)：设定指定马达的限制值limit（mA）。

⑭ setMotorEncoderUnits(encoderDegrees)：设置当前马达编码器单位类型，有三种类型。encoderDegrees，角度模式；encoderRotations，圈数模式；encoderCounts，编码器值模式。

⑮ setMotorSpeed(nMotorIndex,nSpeed)：设置指定马达速度。

⑯ waitUntilMotorStop(nMotorIndex)：等待直到马达停止。

3.5.2 遥控器函数

遥控器函数常用参数说明如下。

verticalJoystick：垂直方向遥控杆，用来控制机器人前进或后退。

horizontalJoystick：水平方向遥控杆，用来控制机器人左右转向。

threshold：阈值，控制摇杆的最小数值，低于该值的摇杆动作将被忽略。

upButton：控制机器人抬升大臂（使马达正向转动）的按钮。

downButton：控制机器人落下大臂（使马达反向转动）的按钮。

下面是遥控器函数。

① arcadeControl(verticalJoystick, horizontalJoystick, threshold)：设置控制机器人左、右马达前后、左右运动的控制摇杆，以及摇杆阈值。

② armControl(nMotorIndex, upButton, downButton, nSpeed)：设置大臂马达升降控制按钮以及速度。

③ setJoystickScale(nScalePercentage)：重设置遥控控制精度，默认精度是100。

④ tankControl(rightJoystick, leftJoystick, threshold)：设置控制右侧rightJoystick和左侧马达leftJoystick的控制摇杆，以及摇杆阈值。

⑤ getJoystickValue(vexButton)：返回指定遥控器按钮vexButton的值。

⑥ getJoystickValue(vexJoystick)：返回指定遥控器摇杆vexJoystick值。

3.5.3　颜色传感器函数

颜色传感器函数可能用到的参数如下：

nDeviceIndex：设备索引，可以是设备名或者段口号。

tSensors：类型。

*pInfo：传感器信息。

TColorInfor：类型。

颜色传感器函数如下：

① getColorAdvanced(nDeviceIndex, *pInfo)：得到颜色传感器的全部信息。

② getColorBlueChannel(nDeviceIndex)：得到颜色传感器蓝色通道值（红、蓝、绿数值范围均为0～255）。

③ getColorGreenChannel(nDeviceIndex)：得到颜色传感器绿色通道值。

④ getColorRedChannel(nDeviceIndex)：得到颜色传感器红色通道值。

⑤ getColorGrayscale(nDeviceIndex)：得到颜色传感器灰度值。

⑥ getColorSaturation(nDeviceIndex)：得到颜色传感器饱和度
（0～255），数值越大，饱和度越高。

⑦ getColorHue(nDeviceIndex)：得到颜色传感器光谱色调值
（0～255），色调值的对应关系如下图。

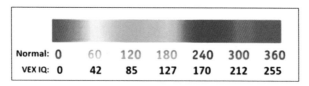

色调值对应关系

⑧ getColorValue(nDeviceIndex)：得到颜色传感器当前值。返回值
依赖于颜色传感器设置模式。Grayscale Mode灰度模式返回值在0～400
（深色返回值较小）。Color Name Mode颜色名模式返回颜色名称
（colorRed, colorYellow, etc）。色调模式返回色调值0～255。

⑨ getColorProximity(nDeviceIndex)：使用颜色传感器的红外LED作
为红外测距仪，返回探测值0～1023。返回值越低说明探测物体距离
越远。

⑩ setColorMode(nDeviceIndex, colorMode)：设置颜色传感器模式
（见表3-3）。

⑪ getColorMode(nDeviceIndex)：得到颜色传感器设置的模式（见
表3-3）。如果没有设置模式，则返回colorNone。

表3-3　颜色传感器模式说明

颜色传感器模式	说明
colorTypeUninitialized	未分配颜色
colorTypeGrayscale_Ambient	灰度模式－无背景光
colorTypeGrayscale_Reflected	灰度模式－有背景光
colorTypeRGB_12Colors_Ambient	颜色名模式－无背景光
colorTypeRGB_12Colors_Reflected	颜色名模式－有背景光
colorTypeRGB_Hue_Ambient	色调模式－无背景光

颜色传感器模式	说明
colorTypeRGB_Hue_Reflected	色调模式－有背景光
colorTypeRGB_Raw_Ambient	RGB－RAW模式－无背景光
colorTypeRGB_Raw_Reflected	RGB－RAW模式－有背景光

⑫ getColorName(nDeviceIndex)：返回颜色传感器探测的颜色名colorName。颜色名称说明见表3-4。

表3-4　颜色名称说明

颜色名称	说明
colorNone	无
colorRedViolet	紫红色
colorRed	红色
colorDarkOrange	深橙色
colorOrange	橙色
colorDarkYellow	深黄色
colorYellow	黄色
colorLimeGreen	柠檬绿色
colorGreen	绿色
colorBlueGreen	蓝绿色
colorBlue	蓝色
colorDarkBlue	深蓝色
colorViolet	紫色

3.5.4　TouchLED函数

① getTouchLEDBlue(nDeviceIndex)：返回指定TouchLED的蓝色通道值（红、蓝、绿通道值范围都是0～255）。

② getTouchLEDGreen(nDeviceIndex)：返回指定TouchLED的绿色通道值。

③ getTouchLEDRed(nDeviceIndex)：返回指定TouchLED的红色通道值。

④ getTouchLEDValue(nDeviceIndex)：返回指定TouchLED的值。1代表被按下，0代表没有被按下。

⑤ setTouchLEDBrightness(nDeviceIndex, brightValue)：设置TouchLED的亮度值brightValue，范围为0~255。

⑥ setTouchLEDColor(nDeviceIndex, colorName)：设置TouchLED的输出颜色colorName。有12种颜色（见表3-4）和colorNone（熄灭LED）。

⑦ setTouchLEDHue(nDeviceIndex, nHueValue)：用色调值nHueValue设置TouchLED的输出颜色。

⑧ setTouchLEDRGB(nDeviceIndex, redValue, greenValue, blueValue)：用RGB值（红、绿、蓝各色范围都是0~255）设置TouchLED的输出颜色。

3.5.5 距离传感器函数

① getDistanceAdvanced(nDeviceIndex, tAdvancedDistanceInfo)：得到指定距离传感器的全部信息。

② getDistanceMaxRange(nDeviceIndex)：得到距离传感器最大距离范围，超过此距离的物体将被忽略。该默认值为610mm。

③ getDistanceMinRange(nDeviceIndex)：得到距离传感器最小距离范围，小于此距离范围内的物体将被忽略。该默认值为0mm。

④ getDistanceMostReflective(nDeviceIndex)：返回反射最强（通常是最大的）的物体的距离，单位为mm。

⑤ getDistanceStrongest(nDeviceIndex)：返回距离传感器探测到最强（通常是距离最近的）物体的距离，单位为mm。

⑥ getDistanceMostReflective(nDeviceIndex)：返回距离传感器探测到第二强（通常是距离第二近的）的物体的距离，单位为mm。

⑦ getDistanceValue(nDeviceIndex)：得到距离传感器的值。该值默认是最强信号的距离。距离越远，该值越大。

⑧ setDistanceMaxRange(nDeviceIndex, nMaxDistanceInMM)：设置

距离传感器可探测的最大值nMaxDistanceInMM。该值默认是610mm。

⑨ setDistanceMinRange(nDeviceIndex, nMinDistanceInMM)：设置距离传感器可探测的最小值nMinDistanceInMM。该值默认是0mm。

3.5.6　陀螺仪函数

① getGyroDegrees(nDeviceIndex)：得到陀螺仪累计值（角度）。该值可为正值，也可以为负值（反向）。

② getGyroDegreesFloat(nDeviceIndex)：得到陀螺仪累计值（角度）。该值为小数格式，精度更高。值可为正值，也可以为负值（反向）。

③ getGyroHeading(nDeviceIndex)：返回陀螺仪距最后重置点的方向，该值范围为0º～359º。

④ getGyroHeadingFloat(nDeviceIndex)：返回陀螺仪距最后重置点的方向。该值为小数值，精度更高，范围为0.00º～359.00º。

⑤ getGyroRate(nDeviceIndex)：得到陀螺仪转动速率，该值单位为º/s。

⑥ getGyroRateFloat(nDeviceIndex)：得到陀螺仪转动速率，该值为小数格式，精度更高，单位为º/s。

⑦ getGyroSensitivity(nDeviceIndex)：得到陀螺仪的敏感度。敏感度有3种，分别是高敏感度gyroHighSensitivity（每秒62.5º）、正常敏感度gyroNormalSensitivity（每秒250º）、低敏感度gyroLowSensitivity（每秒2000º）。

⑧ setGyroSensitivity(nDeviceIndex, range)：设置陀螺仪的敏感度范围。

⑨ resetGyro(nDeviceIndex)：以当前位置为0º，重置陀螺仪。

3.5.7　触碰传感器函数

getBumperValue(nDeviceIndex)：返回指定触碰传感器值。1为触碰，0为未触碰。

3.5.8 声音函数

① playNote(nNote, nOctave, durationIn10MsecTicks)：按照指定数量durationIn10MsecTicks单位时长（以10ms"嘀嗒"音为单位）播放指定音阶durationIn10MsecTicks的指定音符nNote。

② playSound(sound)：播放指定声音，VEX IQ自带16个sound。

③ playRepetitiveSound(sound, durationIn10MsecTicks)：重复播放指定数量durationIn10MsecTicks单位时长（以10ms"嘀嗒"音为单位）的指定声音sound。

3.5.9 计时函数和变量

计时函数常用参数是theTimer计时器，有T1、T2、T3、T4四个计时器可用。

① nClockMinutes：该变量可以访问时钟分钟，范围为0～1439min（1天）。

② nPgmTime：该变量保存了当前程序运行的时长信息。当程序调试暂停时，该值不增加。

③ nSysTime：该变量保存了机器人开机时长。当机器人第一次开机时，该变量被重置。

④ getTimer(theTimer,unitType)：按指定单位检索指定计时器的值。单位类型unitType可以是毫秒、秒和分钟。

⑤ resetTimer(theTimer)：重置指定计数器归零。

⑥ wait(quantity,unitType)：通过等待指定数量quantity的时间单位unitType来延迟程序运行。

⑦ clearTimer(theTimer)：重置指定计时器归零。共有T1、T2、T3、T4四个计时器可用。

⑧ delay(nMsec)：程序执行等待指定时长nMsec，单位为毫秒。

⑨ sleep(nMsec)：程序执行等待指定时长nMsec，单位为毫秒。该命令和wait、delay相同。

3.5.10 LCD Display函数

LCD Display函数常用参数有：xPos，yPos，即x坐标和y坐标；nLineNumber行号，VEX IQ主控器LCD有0～5共6行；sFormatString，字符串内容。

① setPixel(xPos, yPos)：在坐标（xPos, yPos）填个像素。

② clearPixel(xPos, yPos)：清除一个坐标为（xPos, yPos）的孤立像素。

③ getPixel(xPos, yPos)：在坐标（xPos, yPos）检查有无像素。

④ displayCenteredTextLine(nLineNumber, sFormatString)：在指定行（0～5）居中显示字符串。

⑤ displayBigTextLine(nLineNumber, sFormatString)：在指定行（0～5）用16像素高大字体显示字符串。

⑥ displayCenteredBigTextLine(nLineNumber, sFormatString)：在指定行（0～5）用16像素高大字体居中显示字符串。

⑦ displayClearTextLine(nLineNumber)：清除指定行（0～5）的文本。

⑧ displayString(nLineNumber, sFormatString, …)：在指定行（0～5）从左侧显示字符串。

⑨ displayStringAt(xPos, yPos, sFormatString, …)：在指定坐标显示字符串。xPos范围为0～127，yPos范围为0～47。

⑩ displayTextLine (nLineNumber, sFormatString, …)：在指定行（0～5）显示文本字符串。该行剩余部分用空格填充。

⑪ drawUserText(nPixelRow, nPixelColumn, sFormatString)：在指定的行号、列号处显示字符串。

⑫ eraseDisplay（）：清除主控器LCD屏幕内容为空。

⑬ drawLine(xPos, yPos, xPosTo, yPosTo)：从(xPos, yPos)到（xPosTo, yPosTo)划一条线。横坐标范围为0～127，纵坐标范围为0～47。

⑭ eraseLine(xPos, yPos, xPosTo, yPosTo)：从(xPos, yPos)到（xPosTo, yPosTo)去除直线。横坐标范围为0～127，纵坐标范围为0～47。

除了上述函数，还有drawCircle、eraseCircle、drawEllipse、eraseEllipse、drawRect、eraseRect等函数，内容可查帮助文档。

3.6 ROBOTC图形化编程工具常用函数

前面主要介绍了ROBOTC代码化编程工具的一些内容。现在我们简单介绍一下ROBOTC图形化编程工具的常用函数。

3.6.1 变量

ROBOTC图形化编程工具的变量有三种形式，分别是Number（数字）、Value（数值）和Expession（表达式）。

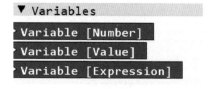

变量

示例：

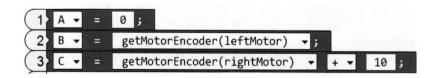

示例中分别设了A、B、C三个变量。变量A是数字，变量B得到马达的值，变量C是个表达式形式。这三个变量虽然形式不同，但是最后结果都是数字型。

3.6.2 流程结构

repeat：设定重复多少次（语句块）。

repeat（forever）：无限次永远重复。

repeatUntil：重复（语句块），直到某个条件成立为止。

while：当满足表达式时循环。

if：判断语句。

if/else：两分支判断。

waitUntil：等待，直到达到条件。

//comment：注释行。

流程结构

示例如下：

repeat示例，重复3次（语句块从略）

repeat（forever）示例，无限重复，直到关机（语句块略）

repeatUntil示例，变量A重复做自增运算，直到A==3时停止

```
1  repeatUntil ( A ▾ <= ▾ 5 ) {
2      A ▾ = A ▾ + ▾ 1 ;
3  }
```

while示例，当变量A<5时，A做自增运算

```
1  if ( getBumperValue(bumpSwitch) ▾ == ▾ true ▾ ) {
2      stopMotor ( motor1 ▾ );
3  }
```

if示例，当按触碰传感器bumpSwitch时，停止马达motor1

```
1  if ( getBumperValue(bumpSwitch) ▾ == ▾ true ▾ ) {
2      setTouchLEDColor ( touchLED ▾ , colorRed ▾ );
3  } else {
4      setTouchLEDColor ( touchLED ▾ , colorGreen ▾ );
5  }
```

if…else示例，当按触碰传感器bumpSwitch时，触碰屏LED显示红色，否则显示绿色

```
1  waitUntil ( getBumperValue(bumpSwitch) ▾ == ▾ true ▾ );
```

waitUtil示例，等待，直到按下按触碰传感器bumpSwitch

```
// This is a comment
```

comment注释的例子

3.6.3 简单动作函数

backward：向后退。
forward：向前进。
moveMotor：运行马达。
turnLeft：左转。
turnRight：右转。

▼ Simple Behaviors
backward
forward
moveMotor
turnLeft
turnRight

简单动作函数

　　这些函数都是对马达的基本动作，指定马达以特定速度向某个方向运转一定数量的单位距离。速度范围从 – 100（全速后退）到100（全速前进），运行单位可以是角度、圈数，或者毫秒、秒、分钟。

```
1  forward ( 1 , rotations ▼ , 100 );
2  backward ( 2 , rotations ▼ , 50 );
3  moveMotor ( motor10 ▼ , 1 , rotations ▼ , 50 );
4  turnLeft ( 1 , seconds ▼ , 80 );
5  turnRight ( 90 , degrees ▼ , 50 );
```

① forward示例：马达以速度100向前进1圈。

② backward示例：马达以速度50向后退2圈。

③ moveMotor示例：马达motor10以速度50转1圈。

④ turnLeft示例：马达以速度80向左转1秒。

⑤ turnRight示例：马达以速度50向右转90度。

3.6.4　马达函数

moveMotorTarget：马达转动相对角度。

resetMotorEncoder：重置马达。

setMotor：设置马达功率。

setMotorBrakeMode：设置马达刹车模式。

setMotorReversed：设置马达是否反向。

setMotorTarget：设置马达转动绝对角度。

setMultipleMotors：设置多个马达功率。

stopAllMotors：停止所有马达。

stopMotor：停止某个马达。

stopMultipleMotors：停止多个马达。

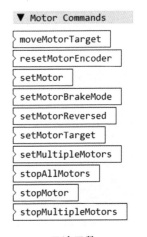

马达函数

示例如下：

```
1) moveMotorTarget ( motor1 ▼ , 100 , 50 );
2) resetMotorEncoder ( motor3 ▼ );
3) setMotor ( motor1 ▼ , 100 );
4) setMotorBrakeMode ( motor2 ▼ , motorCoast ▼ );
5) setMotorReversed ( motor6 ▼ , 1 ▼ );
6) setMotorTarget ( motor9 ▼ , 100 , 50 );
7) setMultipleMotors ( 80 , motor1 ▼ , motor2 ▼ , motor3 ▼ , motor4 ▼ );
8) stopAllMotors ( );
9) stopMotor ( motor10 ▼ );
10) stopMultipleMotors ( motor1 ▼ , motor2 ▼ , motor3 ▼ , motor4 ▼ );
```

① moveMotorTarget示例：马达motor1以速度50转动100（编码器值）。

② resetMotorEncoder示例：重置马达motor3（编码器的值重置为0）。

③ setMotor示例：设置马达motor1速度为100。

④ setMotorBrakeMode示例：设马达motor2为滑行模式（还有刹车和刹车定位模式）。

⑤ setMotorReversed示例：设马达motor6反向（第二个参数为0则不反向）。

⑥ setMotorTarget示例：设马达motor9以速度50转动到编码值100处（如当前编码值大于100则会反转）。

⑦ setMultipleMotors示例：设马达motor1、motor2、motor3、motor4速度为80。

⑧ stopAllMotors示例：停止所有马达。

⑨ stopMotor示例：停止马达motor10。

⑩ stopMultipleMotors示例：停止马达motor1、motor2、motor3、motor4。

3.6.5 遥控器函数

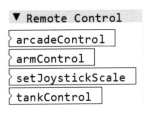

遥控器函数

arcadeControl：摇杆控制模式，摇杆控制前、后、左、右运动。

armControl：大臂控制模式，2个按钮控制马达正反转（大臂升降）。

setJoystickScale：设置操纵杆标度。

tankControl：坦克控制模式，2个摇杆分别控制左右马达。

示例如下：

1. arcadeControl (ChA ▾ , ChC ▾ , 10);
2. armControl (motor10 ▾ , BtnEUp ▾ , BtnEDown ▾ , 75);
3. setJoystickScale (100);
4. tankControl (ChD ▾ , ChA ▾ , 10);

① arcadeControl示例：当遥控器摇杆力度超过阈值10时，用遥控器摇杆ChA项控制前后运动，用摇杆ChC项控制左右运动。

② armControl示例：用遥控器按钮BtnEUp控制马达正转（升臂），按钮BtnEDown控制马达反转（降臂），速度默认75。

③ setJoystickScale示例：设置摇杆精度为100（默认值）。

④ tankControl示例：当遥控器摇杆力度超过阈值10时，用遥控器摇杆ChD项控制右侧马达，用遥控器摇杆ChA项控制左侧马达。

3.6.6 定时器函数

resetTimer：重置计时器。

wait：设置等待时间。可以通过设定等待时间来延续程序运行。

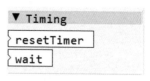

定时器函数

示例如下：

```
1  resetTimer ( timer1 ▾ );
2  wait ( 10 , seconds ▾ );
```

① resetTimer可以把指定计时器timer1计数重置为0.000秒。

② wait命令等待10秒。该命令可以使用毫秒、秒和分钟作时间单位。

3.6.7 巡线函数

lineTrackLeft：使机器人利用颜色传感器（灰度模式）沿着一条线的左边缘行走。

lineTrackRight：使机器人利用颜色传感器（灰度模式）沿着一条线的右边缘行走。

▼ Line Tracking
lineTrackLeft
lineTrackRight

巡线函数

示例如下：

```
1  lineTrackLeft ( colorDetector ▾ , 150 , 60 , 0 );
2  lineTrackRight ( colorDetector ▾ , 150 , 60 , 0 );
```

① lineTrackLeft示例：利用颜色传感器colorDetector沿着线的左边缘行走，颜色识别阈值为150，主速度（使机器人转向或背离

线边缘的马达速度）为60，副速度（另一侧马达）为0。

② lineTrackRight示例：利用颜色传感器colorDetector沿着线的右边缘行走，颜色识别阈值为50，主速度（使机器人转向或背离线边缘的马达速度）为60，副速度（另一侧马达）为0。

3.6.8 显示函数

displayControllerValues:（在主控器屏幕）显示控制器的值。

displayMotorValues：显示马达的值。

displaySensorValues：显示传感器的值。

displayText：显示文本。

displayVariableValues：显示变量值。

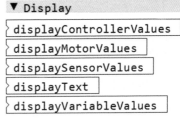

显示函数

示例如下：

```
1) displayControllerValues ( line1 ▾ , ChB ▾ );
2) displayMotorValues ( line2 ▾ , motor2 ▾ );
3) displaySensorValues ( line3 ▾ , colorDetector ▾ );
4) displayText ( line4 ▾ , Hellow );
5) displayVariableValues ( line5 ▾ , A ▾ );
```

① displayControllerValues示例：在主控器LCD屏幕第一行显示遥杆ChB的值。

② displayMotorValues示例：在主控器LCD屏幕第二行显示马达motor2编码器的值。

③ displaySensorValues示例：在主控器LCD屏幕第三行显示传感器颜色传感器的值。

④ displayText示例：在主控器LCD屏幕第四行显示文本"Hello"。

⑤ displayVariableValues示例：在主控器LCD屏幕第五行显示变量A的值。

3.6.9 TouchLED函数

setTouchLEDColor：按颜色名设置TouchLED。

setTouchLEDHue：按色调设置TouchLED。

setTouchLEDRGB：按RGB值设置TouchLED。

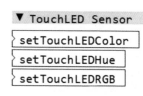

TouchLED函数

示例如下：

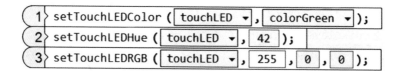

① setTouchLEDColor示例：设置touchLED灯为绿色。

② setTouchLEDHue示例：设置touchLED灯的色调值为42（黄色）。色调值范围为0~255（红~紫）

③ setTouchLEDRGB示例：设置touchLED灯的RGB（红、绿、蓝，取值范围为0~255）值为（255,0,0）（红色）。

3.6.10 距离传感器函数

setDistanceMaxRange：设置
距离最大范围。

setDistanceMinRange：设置
距离最小范围。

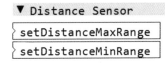

▼ Distance Sensor
setDistanceMaxRange
setDistanceMinRange

距离传感器函数

示例如下：

① setDistanceMaxRange（distanceMM ▼, 100);
② setDistanceMinRange（distanceMM ▼, 5);

① setDistanceMaxRange示例：设距离传感器distanceMM最大
距离范围100mm。

② setDistanceMinRange示例：设距离传感器distanceMM最小
距离范围5mm（最小范围内物体将被忽略）。

3.6.11 陀螺仪函数

▼ Gyro Sensor
resetGyro

陀螺仪函数

resetGyro：重置陀螺仪。

示例如下：

① resetGyro（gyroSensor ▼);

将陀螺仪gyroSensor重置为0度。

3.6.12 声音函数

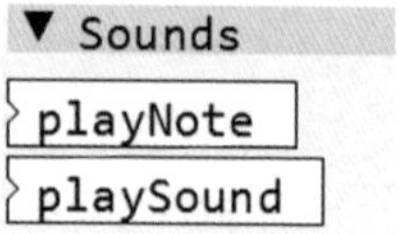

▼ Sounds
playNote
playSound

声音函数

playNote：播放音符。
playSound：播放声音。

示例如下：

1 playNote (noteC ▾ , octave1 ▾ , 20);
2 playSound (soundAirWrench ▾);

① 在第一个八度播放C音符20个"滴答"音时长（10ms"滴答"音）。

② 播放声音AirWrench。

以上是ROBOTC图形化编程工具函数列表列出的常见函数，如想了解更多函数，可以查阅帮助文档。

3.7 固件更新

固件更新是VEX IQ机器人编程中必不可少的环节。VEX IQ的主控器、马达和传感器中都内置有处理器和固件程序，需要经常更新到最新版本，才能和ROBOTC编程软件一起使用。固件更新的方法如下。

步骤1： 把所有要升级的传感器、马达、遥控器等连接到主控器上，再用USB线缆把主控器连接到计算机上。

步骤2： 打开主控器的电源。

连线　　　　　　　　　　　　　打开主控器电源

步骤3：在计算机左下角点击"所有程序"—"VEX Robotics"—"VEXos Utility"程序项，或者从桌面双击VEXos Utility图标，打开固件升级程序。

步骤4：如果有的设备固件不是最新版本，则这些设备轮廓会呈现黄色，已经升级到最新固件的设备轮廓会呈现绿色。如下图所示，除了端口1的设备固件是最新的，其他设备都需要升级固件。

步骤5：点击"Install"按钮开始固件升级，这个过程中不要断开电源或设备。

步骤6：固件升级完成后，所有设备轮廓全部呈现绿色。

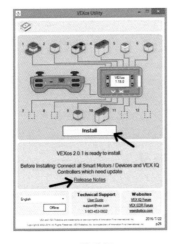
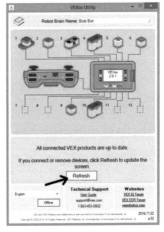

固件升级　　　　　　　　　　　　升级完成

3.8 制作一个完整机器人的流程

前面介绍了VEX IQ的硬件和软件知识。最后，我们综合软硬件知识做一个总结，介绍制作一个可以工作的机器人的完整过程。

（1）安装编程软件

下载ROBOTC软件，完成安装。生成ROBOTC代码编程工具和图形编程工具，以及固件更新软件(VEXos Utility)和帮助文档阅读器(Help Viewer)。

（2）完成固件更新、遥控器无线配对等准备工作

将所有设备（传感器、马达、遥控器等）连接到主控器上，将主控器用USB数据线连接到计算机上，打开主控器电源，在计算机上运行固件更新软件(VEXos Utility)，把所有设备的固件程序更新到最新版本。

如果机器人会用到遥控器，需要提前完成遥控器和主控器的匹配工作。将主控器和遥控器分别安好无线传输卡，然后用蓝色水晶头数据线连接主控器和遥控器，打开主控器和遥控器电源，进行无线配对工作。主控器小屏幕右上角会出现无线信号标示。主控器的LED和遥控器的Power/Link LED闪绿色，说明主控器和遥控器匹配成功。之后，拔掉二者的数据连接线，主控器右上角会出现4格无线信号强度标识，这时遥控器和主控器已经可以实现无线遥控通信了。当然，这种联系只是物理信号连通，真要实现遥控，还需要在机器人程序中编写遥控器代码，并在机器人运行时切换到无线遥控模式才行。

（3）搭建机器人

根据自己的设计，完成机器人的结构搭建，将需要的马达、传感器用黑色水晶头连接线连接到主控器的端口。

（4）新建一个机器人程序，在ROBOTC中进行"马达和传感器设置"

用ROBOTC编程工具为机器人新建一个程序。根据机器人主控器各

个端口连接设备情况，在
ROBOTC编程工具的"马达和传
感器设置"（工具栏和菜单栏命
令）中，设置主控器各个端口的
设备类型、名称、属性等。

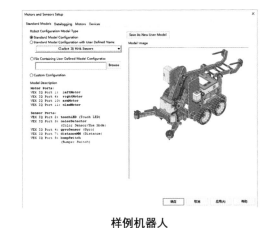

样例机器人

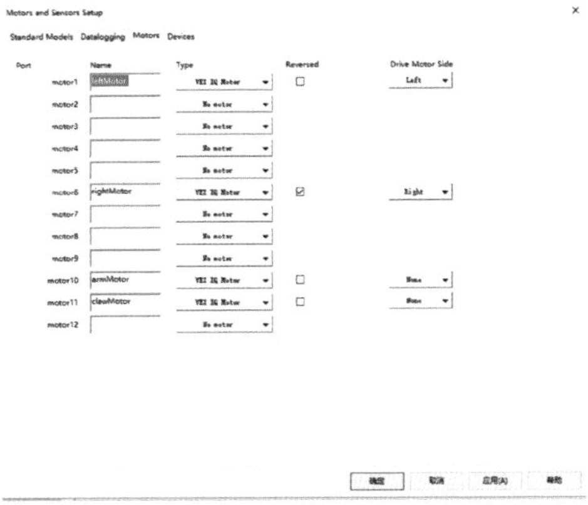

样例机器人马达设置 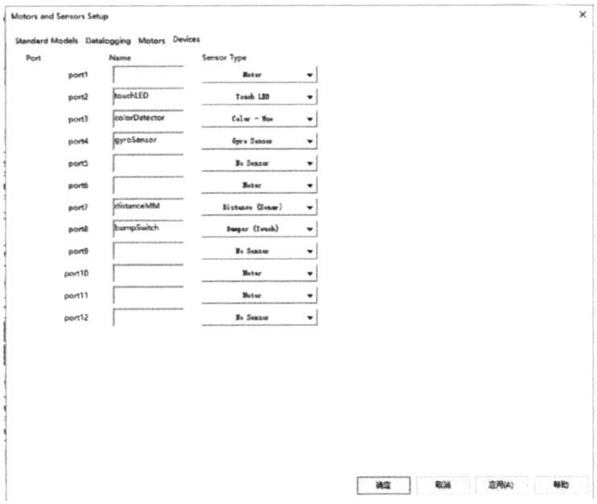　　　　　样例机器人传感器设置

（5）进行机器人程序编写

用ROBOTC编程工具（代码工具或图形工具均可）进行编程工作。
编完程序后，按菜单或工具栏上的"编译程序"（Compile Program）
进行编译。如果程序编译报错，根据错误信息进行程序调试，直至没有
错误。

编译　下载到
程序　机器人

(6) 将程序下载到机器人

把机器人主控器用USB数据线连接到计算机，保持电源打开状态。如果程序没有问题，按ROBOTC工具栏"下载到机器人"（Download to Robot），将编译好的程序传输给机器人主控器。程序的编译和传输工作也可以用F5一键完成。

机器人程序的控制方式有两种。一种是无线遥控程序（TeleOp Pgms），这种模式要涉及遥控器编程。另一种是自动程序（Auto Pgms），这种模式是让机器人按照程序自动运行，不需要遥控器控制。下载程序时，记得在ROBOTC的"Robot"—"VEX IQ Controller Mode"菜单项选好程序模式。

传输完成后，会出现程序联机调试（Program Debug）界面，这时点击界面上"Start"按钮，机器人可以联机模拟运行（USB线不断开）。

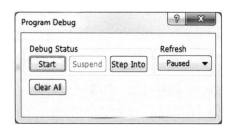

(7) 运行机器人

如果程序没有问题，就可以正式运行机器人了。拔掉机器人和计算机的USB数据线。重启机器人主控器，进入主控器Programs页面，根据编写程序的控制模式，选择相应的TeleOp Pgms或Auto Pgms模式。进入相应模式后，会看到存在里面的程序名。用主控器箭头移动光标到要运行的程序，按"√"对号选中运行，机器人就可以工作了。

第 4 章

VEX IQ机器人案例

4.1 手摇风扇

手柄一摇，风扇就能转起来。

▶扫码看视频◀

案例分析 运用齿轮传动加速装置，转动手柄，扇叶将以数倍速度旋转。

案例实现

》（1）结构设计

》（2）器材准备

序号	名称	图示	数量	序号	名称	图示	数量
1	连接销 1-1		2	3	双条梁 2-20		2
2	连接销 1-2		4	4	特殊梁 直角2-3		1

续表

序号	名称	图示	数量	序号	名称	图示	数量
5	特殊梁45		4	11	闭型塑料轴3		1
6	支撑销1		5	12	橡胶轴套2		7
7	轴锁定板2-2		1	13	垫圈		1
8	轴锁定板1-3		1	14	齿轮12		1
9	金属轴4		2	15	齿轮36		1
10	闭型塑料轴4		1	16	齿轮60		2

（3）搭建过程

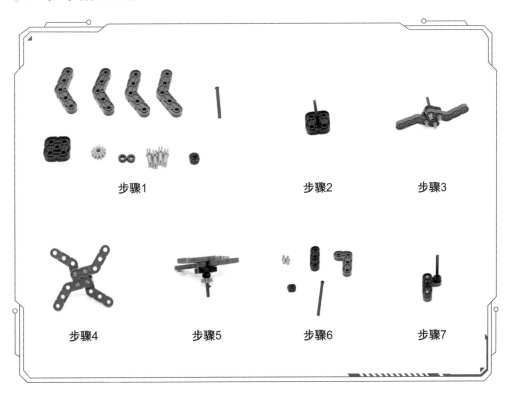

步骤1　　　　　　　　　步骤2　　　　　　　　　步骤3

步骤4　　　　　　　　　步骤5　　　　　　　　　步骤6　　　　　　　　　步骤7

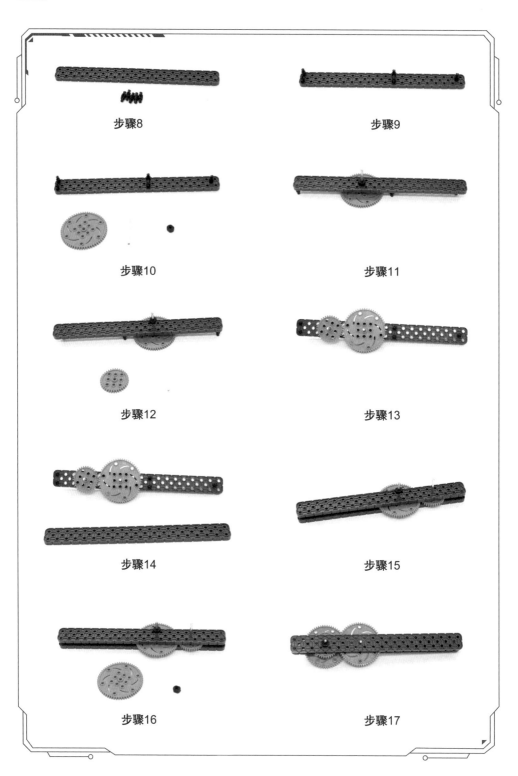

步骤8

步骤9

步骤10

步骤11

步骤12

步骤13

步骤14

步骤15

步骤16

步骤17

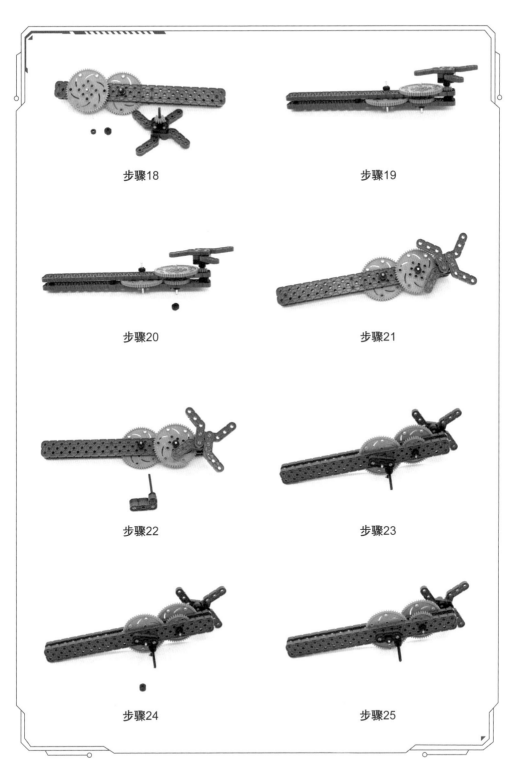

步骤18

步骤19

步骤20

步骤21

步骤22

步骤23

步骤24

步骤25

4.2 手动风车

案例描述 科学课上，很多同学都制作过电动小风车，下面我们用VEX IQ制作手动风车。

▶扫码看视频◀

案例分析 运用齿轮、冠轮传动原理，实现风车移动时，扇叶同时转动的功能。

案例实现

》（1）结构设计

》（2）器材准备

序号	名称	图示	数量	序号	名称	图示	数量
1	连接销 1-1		34	2	连接销 1-2		1

序号	名称	图示	数量	序号	名称	图示	数量
3	双条梁2-16		6	14	闭型塑料轴2		1
4	双条梁2-8		1	15	闭型塑料轴3		1
5	双条梁2-6		7	16	闭型塑料轴5		3
6	单条梁1-10		3	17	马达塑料轴4		2
7	双条梁2-2		4	18	橡胶轴套2		11
8	支撑销1		16	19	垫片		5
9	支撑销2		4	20	垫圈		5
10	支撑销4		4	21	轮胎、轮毂	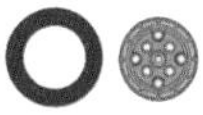	4
11	角连接器2		6	22	冠轮		1
12	角连接器-直角		4	23	齿轮36		5
13	金属轴6		2	24	齿轮60		4

》》（3）搭建过程

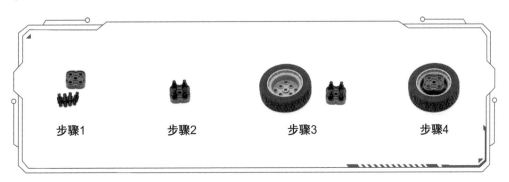

步骤1　　　　步骤2　　　　步骤3　　　　步骤4

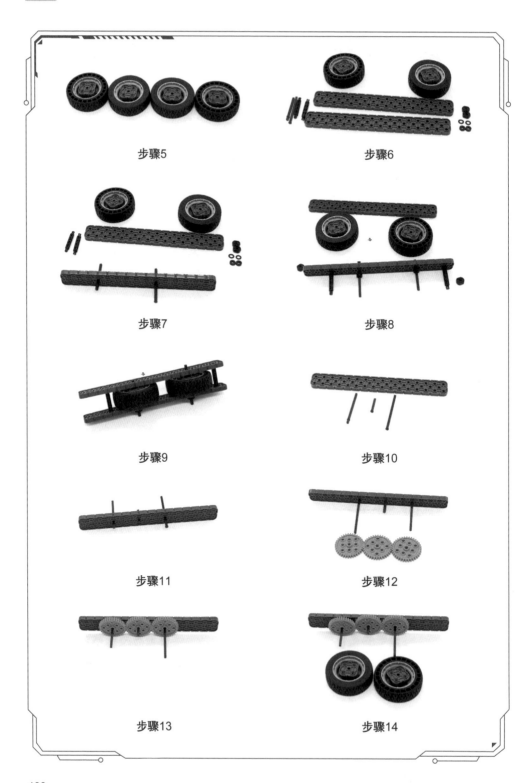

步骤5

步骤6

步骤7

步骤8

步骤9

步骤10

步骤11

步骤12

步骤13

步骤14

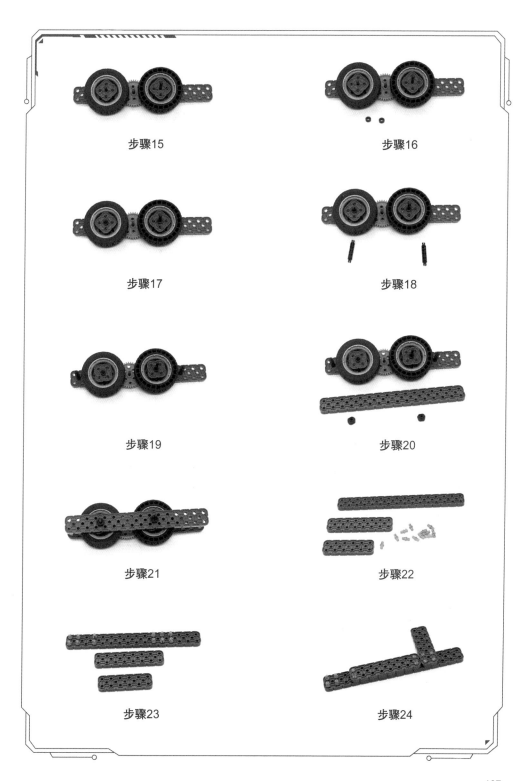

步骤15

步骤16

步骤17

步骤18

步骤19

步骤20

步骤21

步骤22

步骤23

步骤24

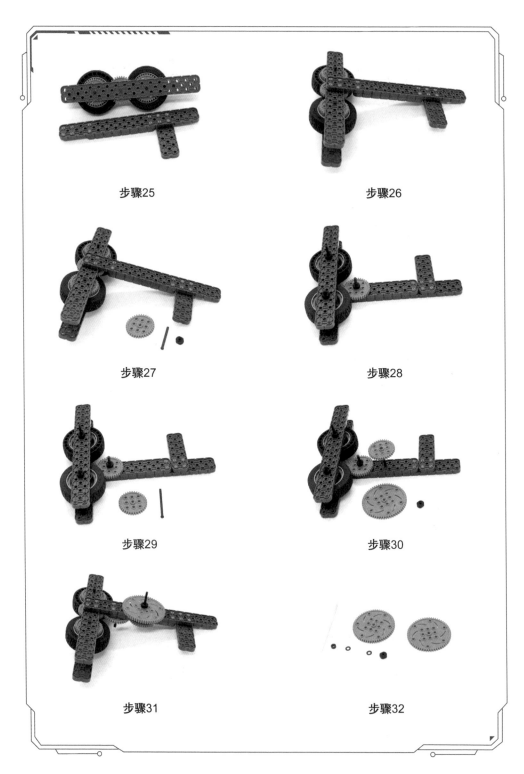

步骤25

步骤26

步骤27

步骤28

步骤29

步骤30

步骤31

步骤32

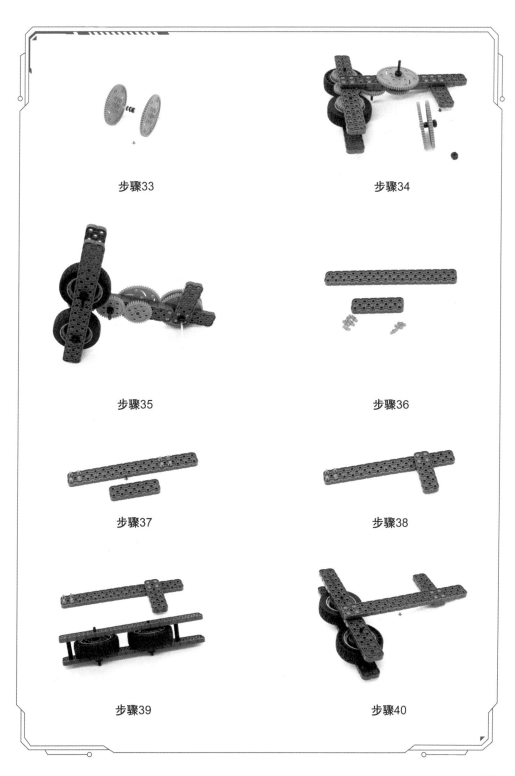

步骤33

步骤34

步骤35

步骤36

步骤37

步骤38

步骤39

步骤40

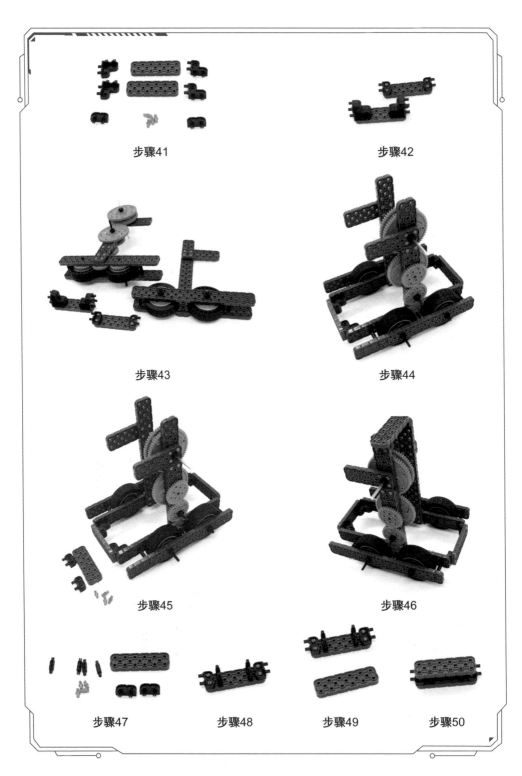

步骤41

步骤42

步骤43

步骤44

步骤45

步骤46

步骤47

步骤48

步骤49

步骤50

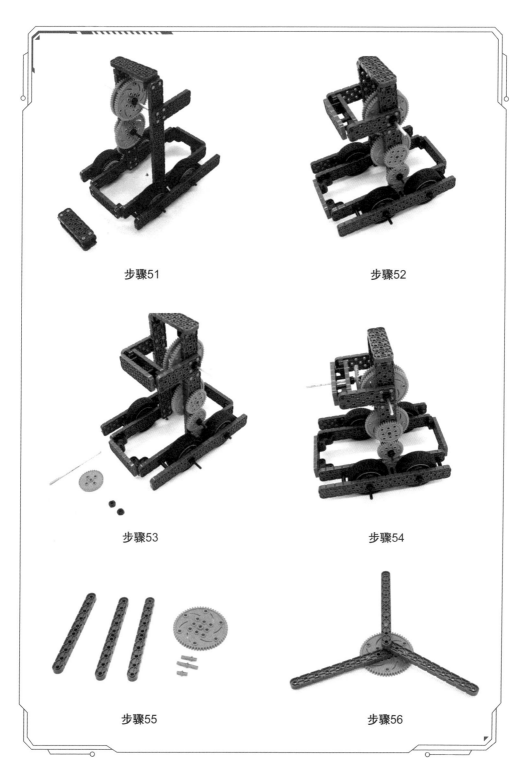

步骤51

步骤52

步骤53

步骤54

步骤55

步骤56

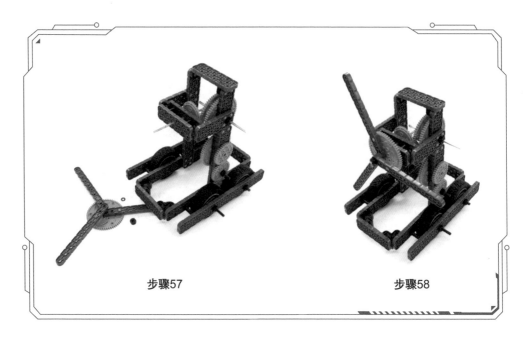

步骤57   步骤58

4.3　指南车

案例描述　指南车，又称司南车，是中国古代用来指示方向的一种装置。它与指南针利用地磁效应不同，它不利用磁性，而是利用齿轮传动来指明方向。其原理是，靠人力带动两轮的指南车行走，从而带动车内的木制齿轮转动，传递转向时两个车轮的差动，再带动车上的指向木人与车转向的方向相反角度相同，使车上的木人指示方向，不论车子转向何方，木人的手始终指向指南车出发时设置的木人指示的方向，"车虽回运而手常指南"。

▶扫码看视频◀

┌──────┐
│**案例分析**│ 利用差速器、齿轮、冠轮，实现指南车的功能。
└──────┘

┌──────┐
│**案例实现**│
└──────┘

》 **（1）结构设计**

》 **（2）器材准备**

序号	名称	图示	数量	序号	名称	图示	数量
1	连接销1-1		44	3	平板4-12	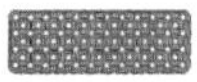	4
2	惰轮销0-2		2	4	平板4-4		1

续表

序号	名称	图示	数量	序号	名称	图示	数量
5	双条梁2-12		1	20	金属轴6		3
6	双条梁2-8		4	21	金属轴4		3
7	双条梁2-6		1	22	金属轴12		1
8	单条梁1-6		3	23	马达塑料轴4		1
9	单条梁1-4		1	24	橡胶轴套2		17
10	特殊梁直角2-3		1	25	垫片		14
11	支撑销2		10	26			
12	支撑销4		8	27	轮胎、轮毂		2
13	角连接器2-2	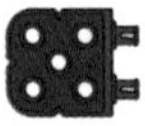	3	28	链轮16		1
14	角连接器1-2		4	29	锥形齿轮		5
15	角连接器双孔（长）		2	30	差速器		2
16	角连接器双孔（短）		1	31	冠轮		1
17	角连接器单孔		4	32	齿轮24		2
18	轴锁定板1-3		1	33	齿轮36		4
19	轴锁定板2-2		2	34	齿轮12		1

>> （3）搭建过程

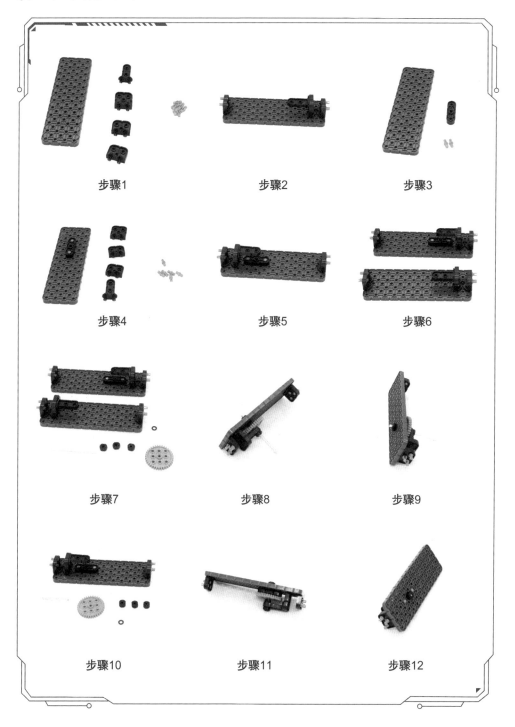

步骤13

步骤14

步骤15

步骤16

步骤17

步骤18

步骤19

步骤20

步骤21

步骤22

步骤23

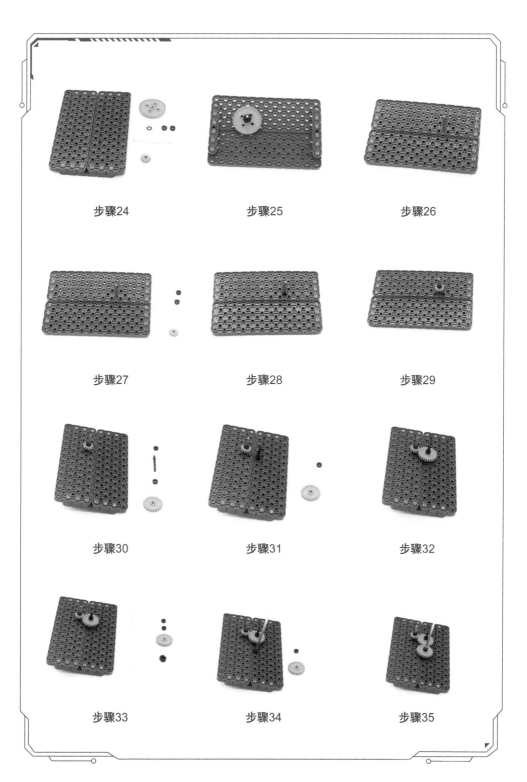

步骤24 步骤25 步骤26

步骤27 步骤28 步骤29

步骤30 步骤31 步骤32

步骤33 步骤34 步骤35

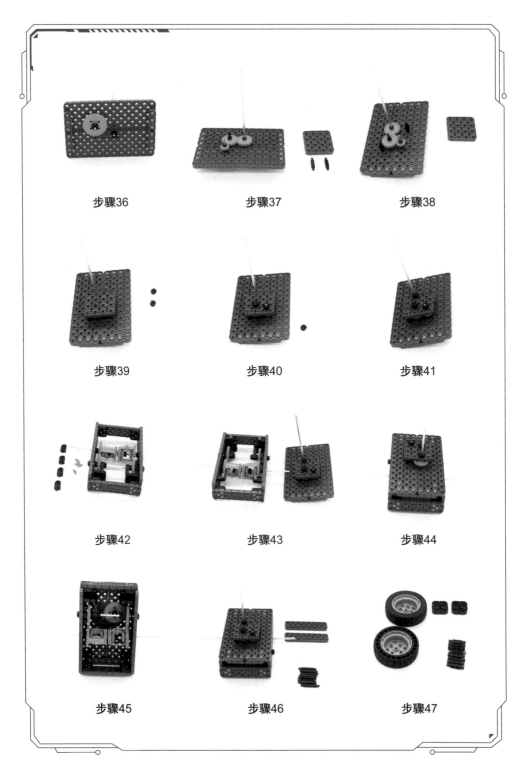

步骤36

步骤37

步骤38

步骤39

步骤40

步骤41

步骤42

步骤43

步骤44

步骤45

步骤46

步骤47

步骤48

步骤49

步骤50

步骤51

步骤52

步骤53

步骤54

步骤55

步骤56

步骤57

步骤58

步骤59

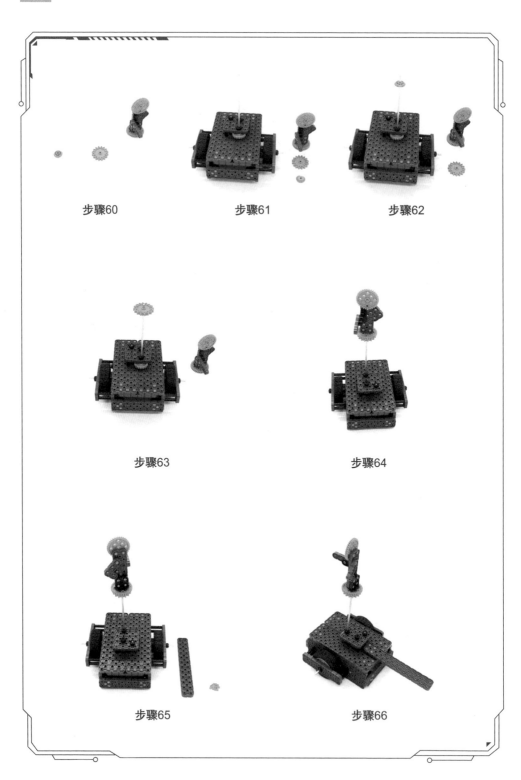

步骤60

步骤61

步骤62

步骤63

步骤64

步骤65

步骤66

4.4 春牛报喜

案例描述 "牛"对于中国人的影响不仅表现在生产、习俗方面，更体现在对中华民族内在精神的塑造上。本案例制作VEX IQ春牛报喜。

▶扫码看视频◀

案例分析 利用锥形齿轮改变传动方向，只运用一个马达实现牛儿的多个动作。

马达数量 1个。

案例实现

≫ （1）结构设计

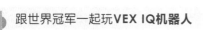

》》（2）器材准备

序号	名称	图示	数量	序号	名称	图示	数量
1	1-1连接销		34	15	支撑销1		
2	惰轮销1-1		6	16	支撑销2		6
3	单条梁1-10		4	17	支撑销4		1
4	单条梁1-8		1	18	橡胶轴套1		4
5	特殊梁30		2	19	金属轴4		1
6	特殊梁		2	20	金属轴6		1
7	特殊梁直角3-5		6	21	闭型塑料轴3		1
8	双条梁2-10		6	22	齿轮36		6
9	双条梁2-6		2	23	齿轮12		4
10	平板4-6		1	24	锥形齿轮		2
11	角连接器2		4	25	主控器		1
12	角连接器双孔（短）		2	26	智能马达		1
13	连接器单孔双向		2	27	连接线	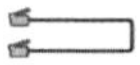	1
14	角连接器2-2双向						

（3）搭建过程

步骤1　　　　　　　　步骤2　　　　　　　　步骤3

步骤4　　　　　　　　步骤5　　　　　　　　步骤6

步骤7　　　　　　　　步骤8　　　　　　　　步骤9

步骤10　　　　　　　　步骤11　　　　　　　　步骤12

步骤13

步骤14

步骤15

步骤16

步骤17

步骤18

步骤19

步骤20

步骤21

步骤22　　　　　步骤23　　　　　步骤24　　　　　步骤25

步骤26　　　　　步骤27　　　　　步骤28

步骤29　　　　　步骤30　　　　　步骤31

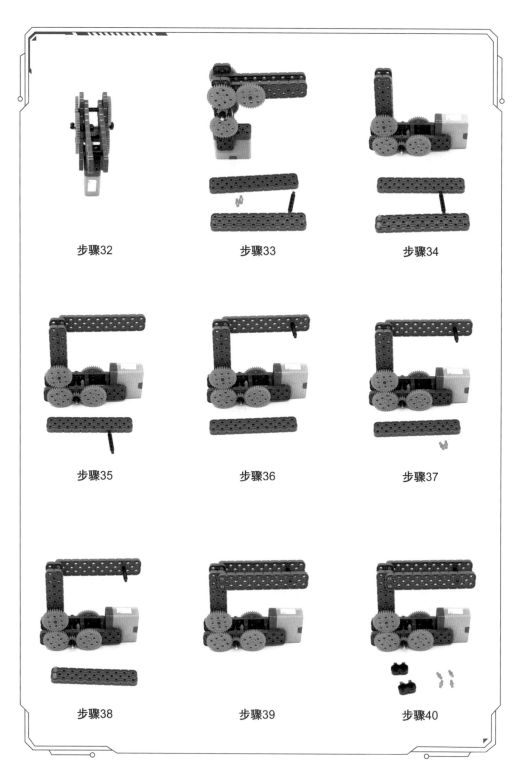

步骤32

步骤33

步骤34

步骤35

步骤36

步骤37

步骤38

步骤39

步骤40

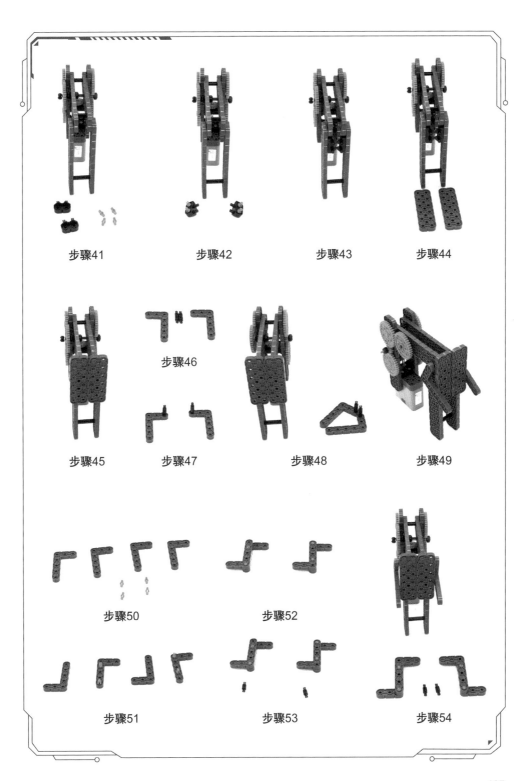

步骤41　　　　步骤42　　　　步骤43　　　　步骤44

步骤46

步骤45　　　步骤47　　　　步骤48　　　　步骤49

步骤50　　　　　步骤52

步骤51　　　　　步骤53　　　　步骤54

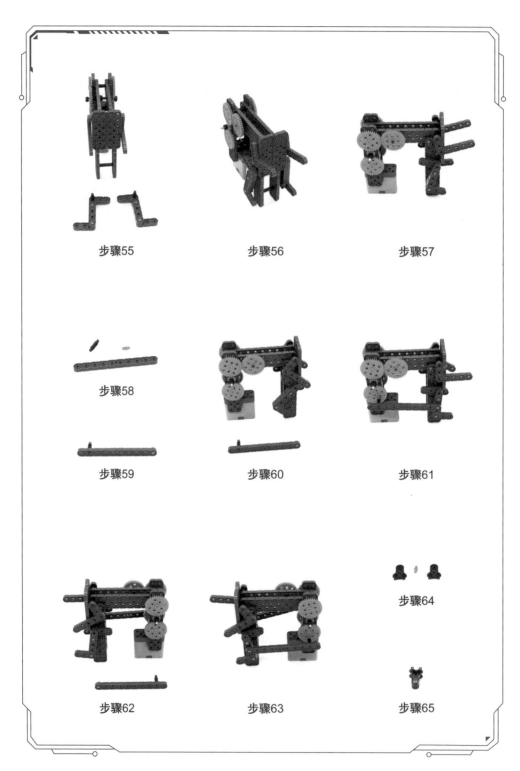

步骤55

步骤56

步骤57

步骤58

步骤59

步骤60

步骤61

步骤62

步骤63

步骤64

步骤65

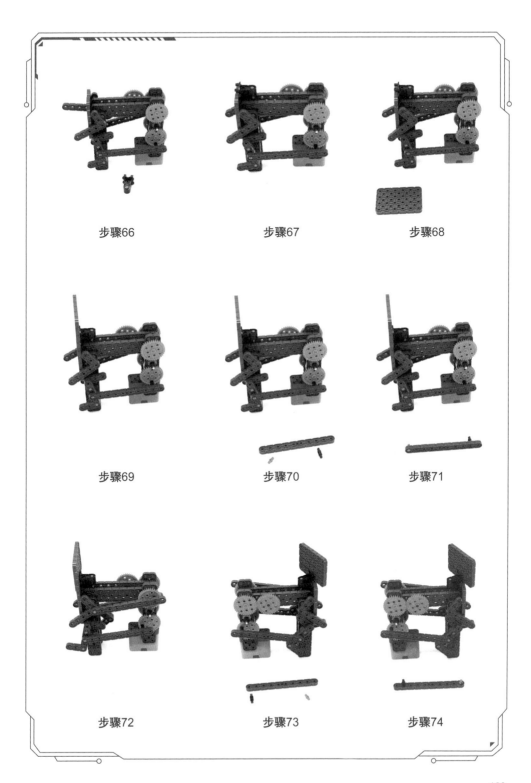

步骤66

步骤67

步骤68

步骤69

步骤70

步骤71

步骤72

步骤73

步骤74

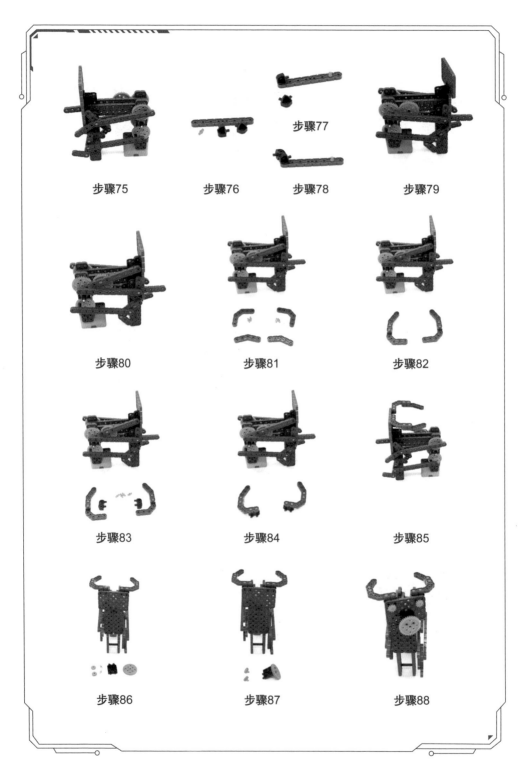

步骤75　　　　步骤76　　　　步骤77　步骤78　　　步骤79

步骤80　　　　步骤81　　　　步骤82

步骤83　　　　步骤84　　　　步骤85

步骤86　　　　步骤87　　　　步骤88

⟫ （4）端口连接

序号	主机端口	马达/传感器接口
1	1	马达

⟫ （5）程序编写

① ROBOTC

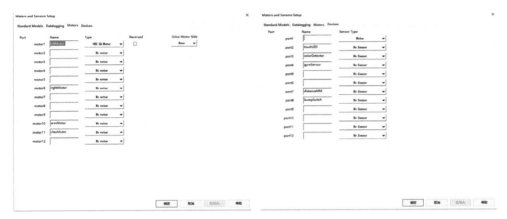

设置端口

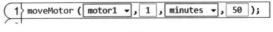

程序

② VEXcode IQ

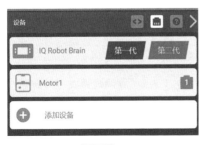

设置端口

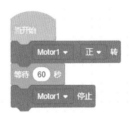

程序

4.5 乌龟

案例描述 乌龟属半水栖、半陆栖性爬行动物，本节我们制作一个VEX IQ乌龟。

►扫码看视频◄

案例分析 实现乌龟缓慢爬行的功能。

马达数量 2个。

案例实现

>> （1）结构设计

>> （2）器材准备

序号	名称	图示	数量	序号	名称	图示	数量
1	连接销 1-1		51	4	特殊梁45		2
2	单条梁 1-4		2	5	特殊梁30		
3	单条梁 1-6		1	6	双条梁 2-7		1

序号	名称	图示	数量	序号	名称	图示	数量
7	双条梁 2-10		2	15	马达塑料轴4		2
8	平板4-12		2	16	链轮8		2
9	支撑销4		4	17	齿轮36		4
10	角连接器 2-2		5	18	链轮16		4
11	角连接器2		2	19	链条		2
12	橡胶轴套1		10	20	主控器		1
13	垫圈		12	21	智能马达		2
14	金属轴6		4	22	连接线		2

》 （3）搭建过程

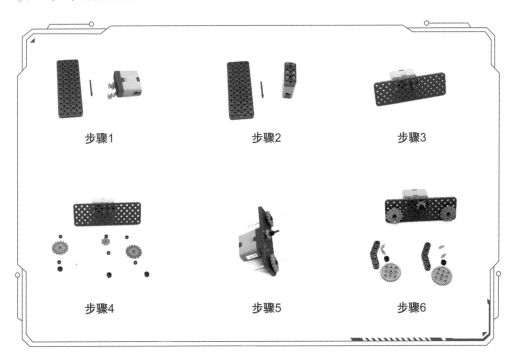

步骤1	步骤2	步骤3

步骤4	步骤5	步骤6

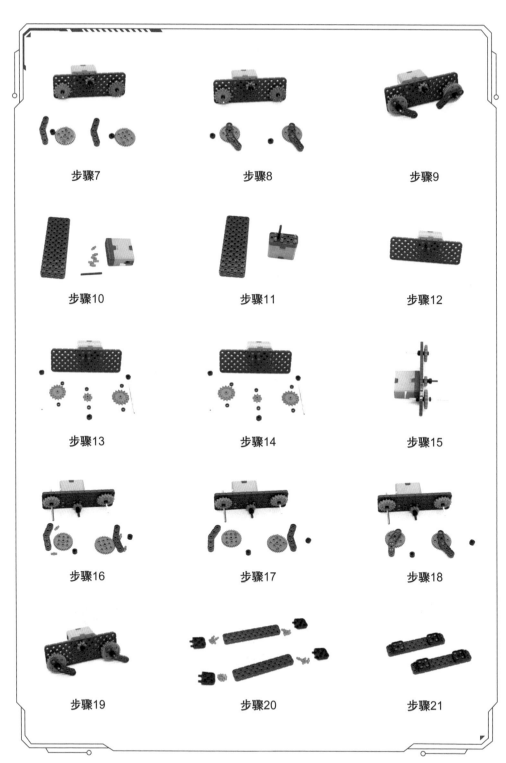

步骤7

步骤8

步骤9

步骤10

步骤11

步骤12

步骤13

步骤14

步骤15

步骤16

步骤17

步骤18

步骤19

步骤20

步骤21

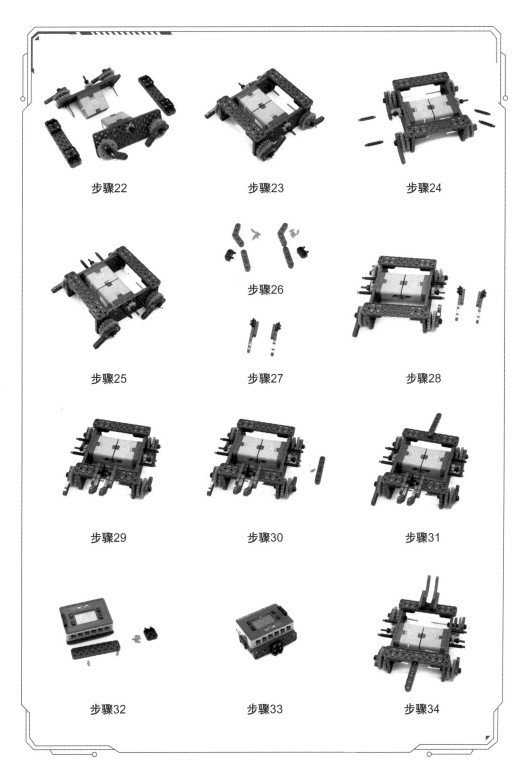

步骤22　　　　步骤23　　　　步骤24

步骤26

步骤25　　　　步骤27　　　　步骤28

步骤29　　　　步骤30　　　　步骤31

步骤32　　　　步骤33　　　　步骤34

步骤35 步骤36

步骤37 步骤38 步骤39

成品图1 成品图2 成品图侧面

成品展示

（4）端口连接

序号	主机端口	马达/传感器接口
1	1	左马达
2	6	右马达

（5）程序编写

① ROBOTC

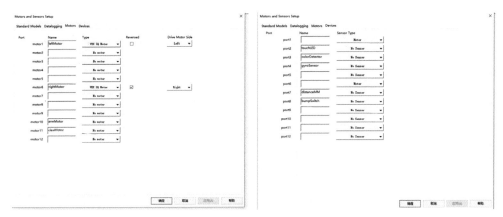

设置端口

程序

② VEXcode IQ

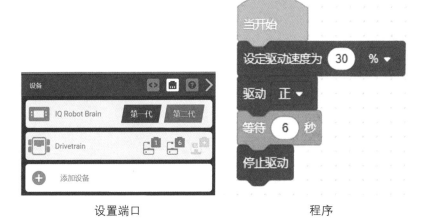

设置端口　　　　　　　　　　程序

跟世界冠军一起玩VEX IQ机器人

4.6 稻草人

案例描述 稻草人是农民用稻草做的假人，立于田边是为了看护田地，以防鸟雀糟蹋庄稼。本节用VEX IQ制作一个智能稻草人。

▶扫码看视频◀

案例分析 当感应到对象接近时，稻草人摆动、鸣叫，触摸LED闪烁。

马达数量 1个，稻草人摆动。

触摸LED 2个，闪烁。

距离传感器 1个，感应是否有对象接近。

案例实现

（1）结构设计

（2）器材准备

序号	名称	图示	数量	序号	名称	图示	数量
1	1-1连接销		21	10	金属轴4		1
2	1-2连接销		8	11	金属轴8		1
3	双条梁2-8		2	12	齿轮36		1
4	双条梁2-16		3	13	齿轮12		1
5	支撑销1		3	14	主控器		1
6	角连接器-直角		2	15	智能马达		1
7	角连接器1-2		1	16	触摸LED		2
8	双头支撑销连接器		1	17	连接线	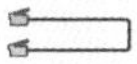	4
9	橡胶轴套1		2				

（3）搭建过程

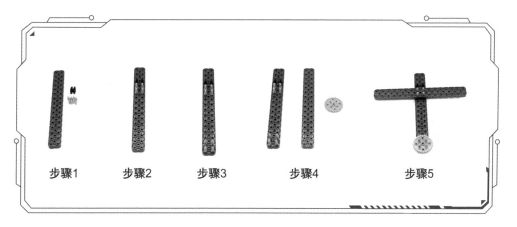

步骤1　步骤2　步骤3　步骤4　步骤5

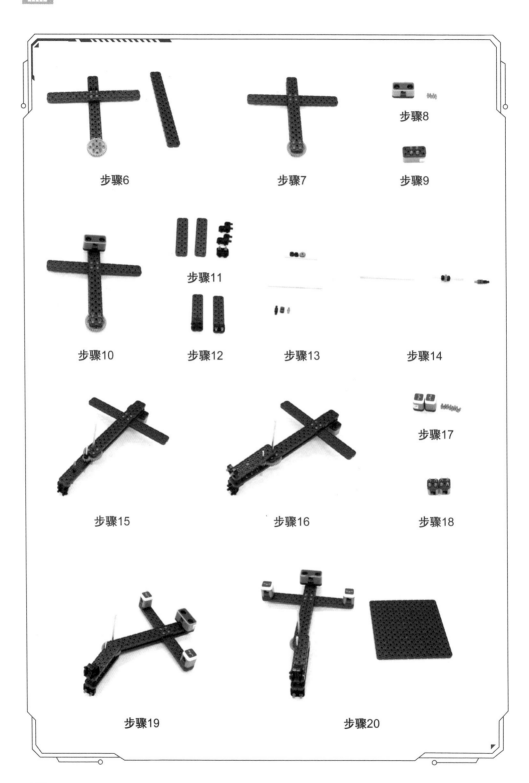

步骤6

步骤7

步骤8

步骤9

步骤10

步骤11

步骤12

步骤13

步骤14

步骤15

步骤16

步骤17

步骤18

步骤19

步骤20

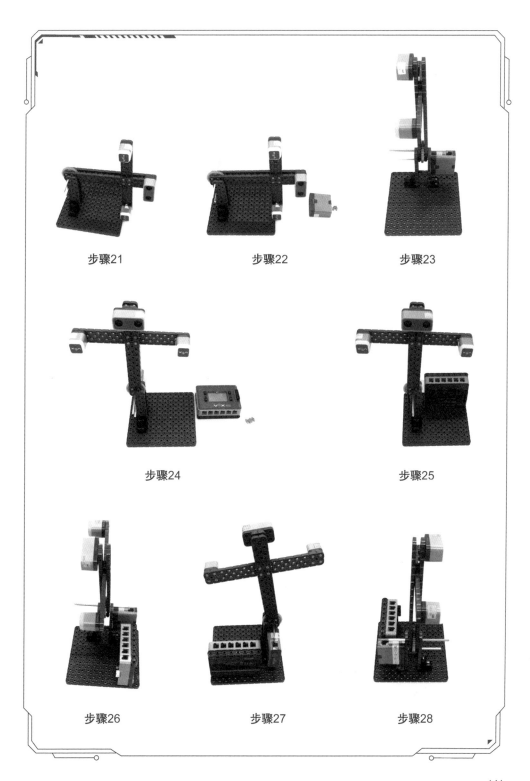

步骤21

步骤22

步骤23

步骤24

步骤25

步骤26

步骤27

步骤28

（4）端口连接

序号	主机端口	马达/传感器接口
1	1	马达
2	2	触摸LED
3	3	触摸LED
4	4	超声波传感器

（5）程序编写

① ROBOTC

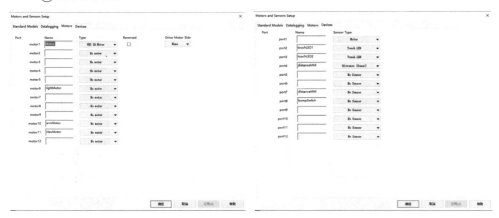

设置端口

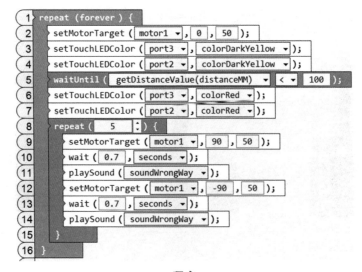

程序

② VEXcode IQ

设备

IQ Robot Brain 　第一代　第二代

Motor1 　1

TouchLED2 　2

TouchLED3 　3

Distance4 　4

添加设备

程序

设置端口

4.7 升旗系统

案例描述 很多学校每逢大型活动或者每周一个固定的时间会举行升旗仪式，下面制作VEX IQ升旗系统。

▶扫码看视频◀

| 案例分析 | 触碰传感器按下，升旗；触碰传感器再次按下，降旗。 |

| 马达数量 | 1个，带动履带转动。 |

| 触碰传感器 | 1个，控制开关。 |

| 案例实现 |

（1）结构设计

（2）器材准备

序号	名称	图示	数量	序号	名称	图示	数量
1	1-1连接销		14	8	闭型塑料轴4		1
2	双条梁2-20		1	9	链轮8		2
3	平板4-12		1	10	链条		1
4	角连接器2-2		1	11	主控器		1
5	垫圈		2	12	智能马达		1
6	橡胶轴套1		2	13	触碰传感器		1
7	马达塑料轴4		1	14	连接线	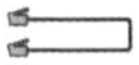	2

≫ （3）搭建过程

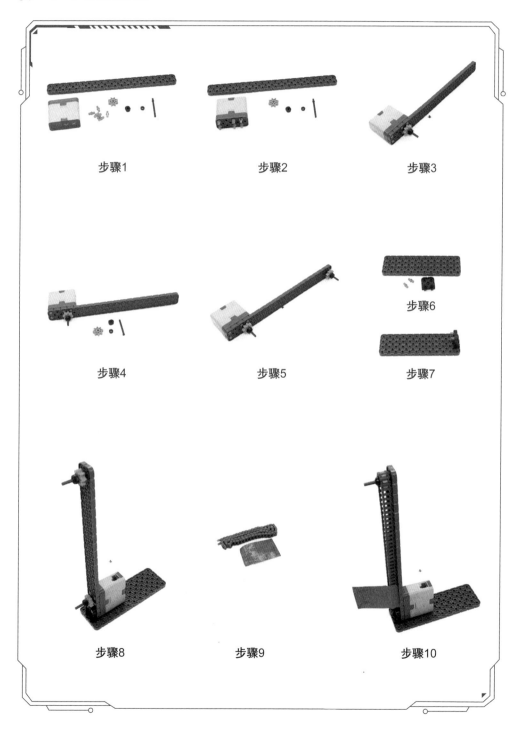

步骤1

步骤2

步骤3

步骤4

步骤5

步骤6

步骤7

步骤8

步骤9

步骤10

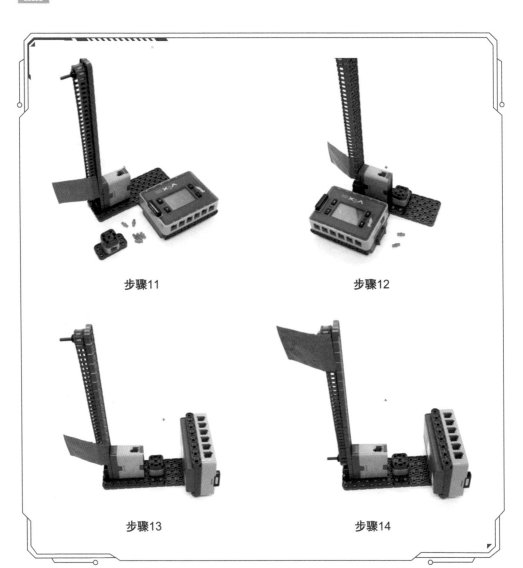

步骤11　　　　　　　　　　　　　　步骤12

步骤13　　　　　　　　　　　　　　步骤14

（4）端口连接

序号	主机端口	马达/传感器接口
1	1	马达
2	2	触碰传感器

（5）程序编写

① ROBOTC

设置端口

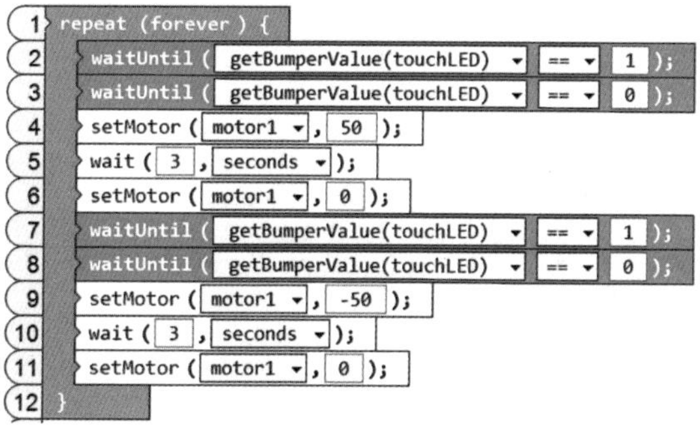

程序

② VEXcode IQ

设置端口

程序

4.8 旋转木马

案例描述 | 旋转木马是我们童年经常去游乐园游玩的项目，本节制作VEX IQ旋转木马。

▶扫码看视频◀

案例分析 | 利用蜗轮改变转动方向，实现木马旋转的功能。触碰传感器按下，木马旋转；触碰传感器再次按下，木马停止。

马达数量 | 1个。

触碰传感器 | 1个，控制开关。

案例实现

» （1）结构设计

≫ （2）器材准备

序号	名称	图示	数量	序号	名称	图示	数量
1	1-1连接销		10	12	角连接器2		3
2	1-2连接销		6	13	角连接器双孔（短）		3
3	平板4-4		1	14	金属轴12		1
4	平板4-12		2	15	金属轴4		1
5	特殊梁直角3-5	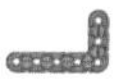	3	16	蜗轮		1
6	特殊梁60		6	17	齿轮60		1
7	垫圈		1	18	齿轮36		2
8	橡胶轴套1		7	19	主控器		1
9	支撑销1		3	20	智能马达		1
10	单头支撑销连接器		3	21	触碰传感器		1
11	角连接器2-2双向		2	22	连接线	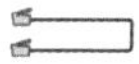	2

≫ （3）搭建过程

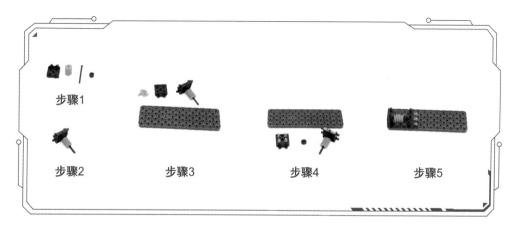

步骤1

步骤2　　步骤3　　步骤4　　步骤5

步骤6

步骤7

步骤8

步骤9

步骤10

步骤11

步骤12

步骤13

步骤14

步骤15

步骤16

步骤17

步骤18

步骤19

步骤20

步骤21

步骤22

（4）端口连接

序号	主机端口	马达/传感器接口
1	1	马达
2	3	触碰传感器

（5）程序编写

① ROBOTC

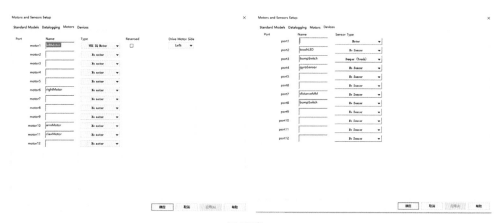

设置端口

```
1  repeat (forever ) {
2    if ( getBumperValue(bumpSwitch)  == ▼  true ▼ ) {
3      setMotor ( motor1 ▼ , 50 );
4      wait ( 1 , seconds ▼ );
5      waitUntil ( getBumperValue(bumpSwitch)  == ▼  true ▼ );
6      stopAllMotors ( );
7      wait ( 1 , seconds ▼ );
8    }
9  }
```

程序

② VEXcode IQ

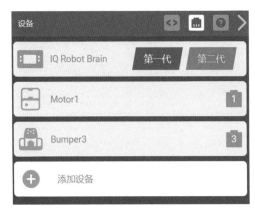

设置端口

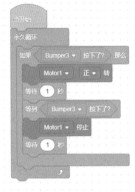

程序

4.9 检票系统

案例描述 在地铁、公园等入口处，经常会看到检票系统，当检测到有效票时，门打开放行，人通过后，门关闭。

▶扫码看视频◀

案例分析 检测到票，闸机转动放行。

传 感 器 颜色传感器（检测有效票）、触摸LED（作为指示灯）。

马达数量 1个，控制闸机转动。

案例实现

（1）结构设计

（2）器材准备

序号	名称	图示	数量	序号	名称	图示	数量
1	连接销1-1		32	12	垫片		1
2	单条梁1-8		4	13	双头支撑销连接器		2
3	双条梁2-6	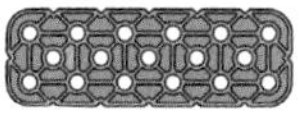	1	14	马达塑料轴3		1
4	双条梁2-5		2	15	金属轴10		1
5	平板6-12		3	16	齿轮60		2
6	平板12-12		1	17	锥形齿轮		2
7	支撑销2		4	18	主控器		1
8	支撑销8		8	19	颜色传感器		1
9	角连接器2-2	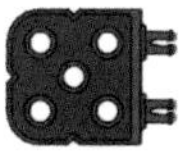	3	20	智能马达		1
10	角连接器-直角		8	21	触摸LED		1
11	橡胶轴套1		4	22	连接线	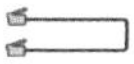	3

（3）搭建过程

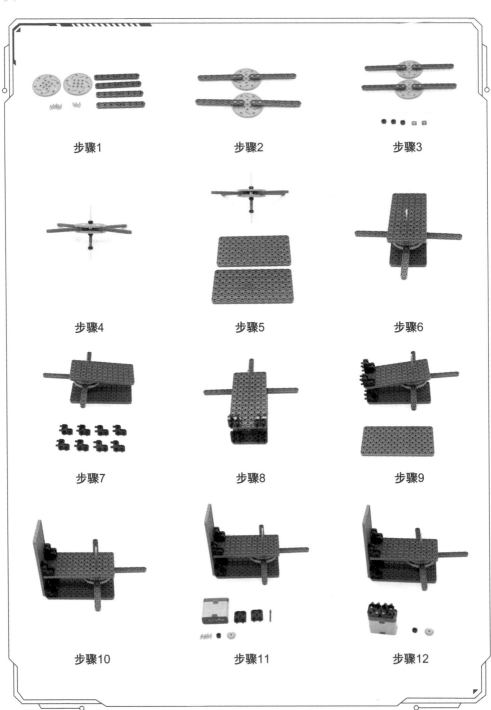

步骤1

步骤2

步骤3

步骤4

步骤5

步骤6

步骤7

步骤8

步骤9

步骤10

步骤11

步骤12

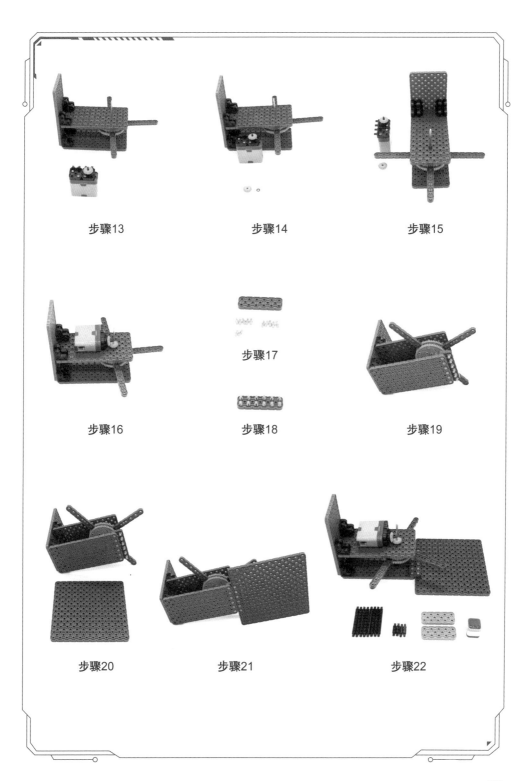

步骤13

步骤14

步骤15

步骤16

步骤17

步骤18

步骤19

步骤20

步骤21

步骤22

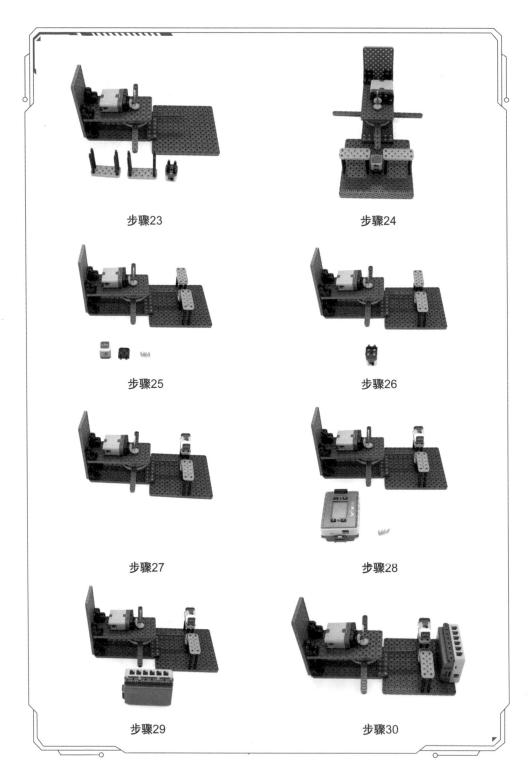

步骤23

步骤24

步骤25

步骤26

步骤27

步骤28

步骤29

步骤30

（4）端口连接

序号	主机端口	马达/传感器接口
1	1	马达
2	2	颜色传感器
3	3	触摸LED

（5）程序编写

① ROBOTC

设置端口

```
1  repeat (forever ) {
2    setTouchLEDColor ( port3 , colorRed );
3    waitUntil ( getColorName(port2) == colorRed );
4    setTouchLEDColor ( port3 , colorGreen );
5    playSound ( soundPowerOff2 );
6    moveMotor ( motor1 , 90 , degrees , 30 );
7    wait ( 2 , seconds );
8  }
```

程序

跟世界冠军一起玩**VEX IQ机器人**

② VEXcode IQ

设置端口　　　　　　　　　程序

🔩 4.10　变速电风扇

案例描述　变速电风扇可以调节多挡速度。

▶扫码看视频◀

案例分析　触摸LED控制电风扇开关、加速。

传 感 器　触摸LED，控制开、关、加速。

马达数量　1个，转动风扇。

案例实现

158

≫ （1）结构设计

≫ （2）器材准备

序号	名称	图示	数量	序号	名称	图示	数量
1	连接销1-1		31	12	支撑销2		4
2	单条梁1-8		4	13	支撑销1		4
3	双条梁2-4		4	14	金属轴4		2
4	双条梁2-8		1	15	闭型塑料轴3		2
5	双条梁2-18		2	16	轴锁定板2-2		1
6	平板4-12		1	17	齿轮60		2
7	平板4-4		1	18	齿轮36		1
8	角连接器2-2		2	19	主控器		1
9	橡胶轴套1		4	20	智能马达		1
10	垫圈		1	21	触碰LED		1
11	垫片		4	22	连接线		2

（3）搭建过程

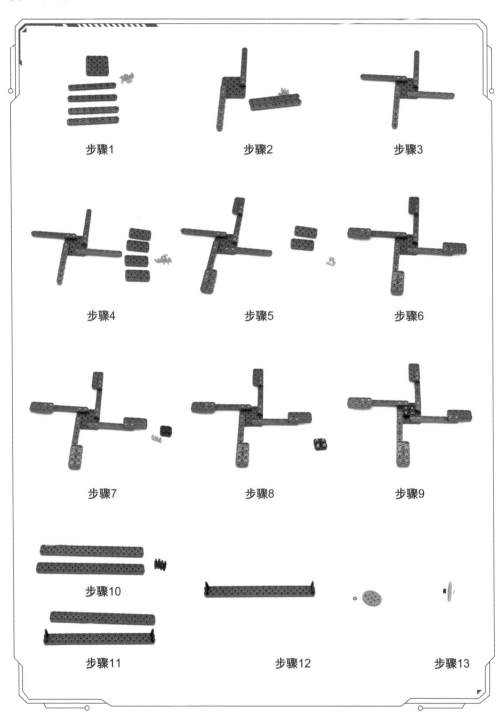

步骤1

步骤2

步骤3

步骤4

步骤5

步骤6

步骤7

步骤8

步骤9

步骤10

步骤11

步骤12

步骤13

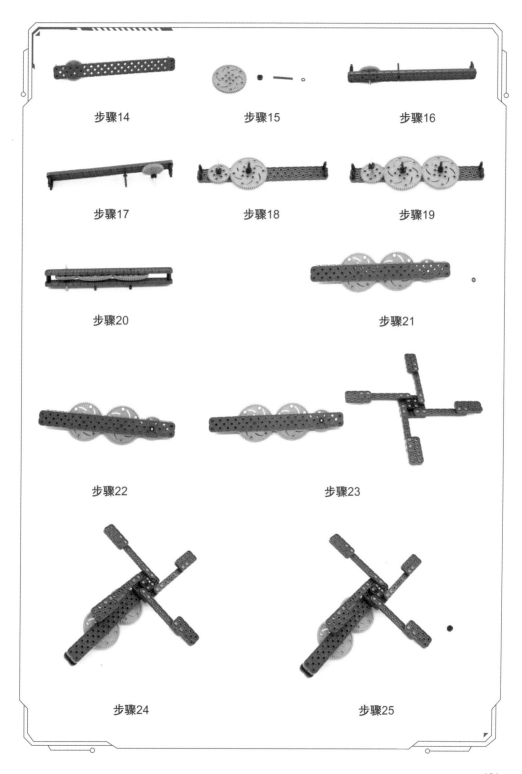

步骤14

步骤15

步骤16

步骤17

步骤18

步骤19

步骤20

步骤21

步骤22

步骤23

步骤24

步骤25

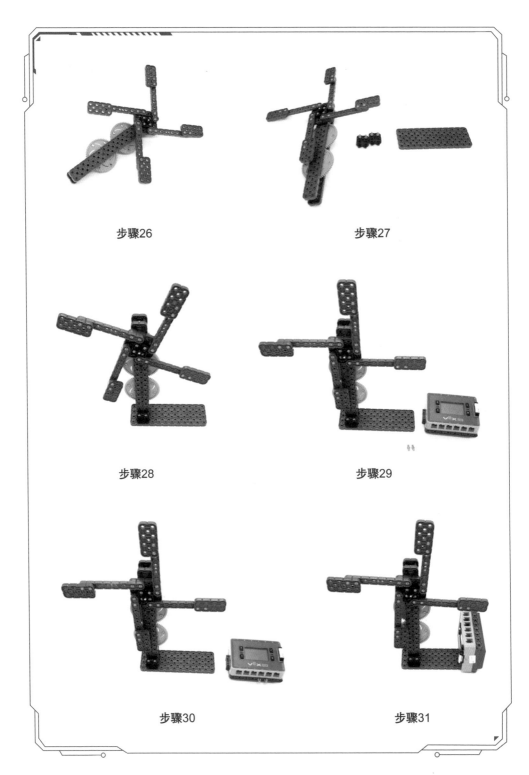

步骤26

步骤27

步骤28

步骤29

步骤30

步骤31

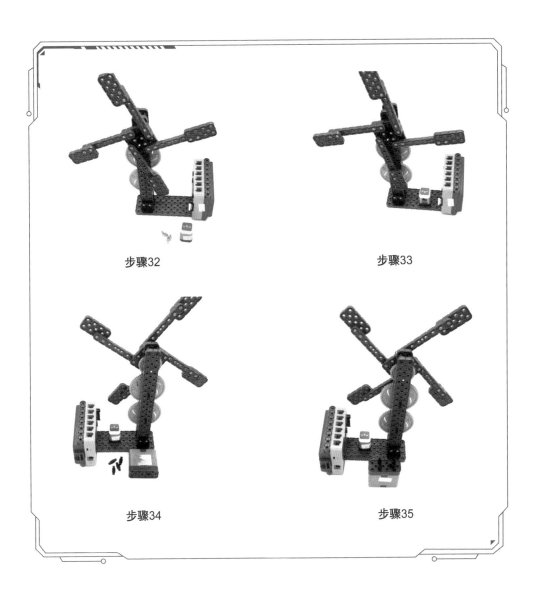

步骤32

步骤33

步骤34

步骤35

▶▶（4）端口连接

序号	主机端口	马达/传感器接口
1	1	马达
2	2	触摸LED

（5）程序编写

① ROBOTC

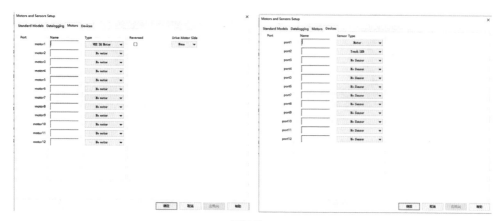

设置端口

```
1   repeat (forever ) {
2     waitUntil ( getTouchLEDValue(port2) == 1 );
3     waitUntil ( getTouchLEDValue(port2) == 0 );
4     setMotor ( motor1 , 30 );
5     setTouchLEDColor ( port2 , colorGreen );
6     waitUntil ( getTouchLEDValue(port2) == 1 );
7     waitUntil ( getTouchLEDValue(port2) == 0 );
8     setTouchLEDColor ( port2 , colorBlue );
9     setMotor ( motor1 , 60 );
10    waitUntil ( getTouchLEDValue(port2) == 1 );
11    waitUntil ( getTouchLEDValue(port2) == 0 );
12    setTouchLEDColor ( port2 , colorYellow );
13    setMotor ( motor1 , 100 );
14    waitUntil ( getTouchLEDValue(port2) == 1 );
15    waitUntil ( getTouchLEDValue(port2) == 0 );
16    setTouchLEDColor ( port2 , colorRed );
17    setMotor ( motor1 , 0 );
18  }
19
```

程序

② VEXcode IQ

设置端口　　　　　　　　　　　　　　　程序

4.11　欢快的小狗

案例描述　用VEX IQ制作欢快的小狗在撒欢儿，
眼睛还闪着不同的颜色。

▶扫码看视频◀

触摸LED 用2个LED，实现2只眼睛闪不同的颜色。

马达数量 1个，控制小狗腿部运动。

案例实现

▶▶（1）结构设计

▶▶（2）器材准备

序号	名称	图示	数量	序号	名称	图示	数量
1	1-1连接销		48	8	双条梁2-4		3
2	1-2连接销		2	9	双条梁2-5		1
3	惰轮销1-1		1	10	双条梁2-2		2
4	单条梁1-10		4	11	平板4-12		2
5	特殊梁45			12	平板4-6		1
6	特殊梁		2	13	支撑销1		2
7	双条梁2-8		4	14	支撑销2		5

续表

序号	名称	图示	数量	序号	名称	图示	数量
15	支撑销4		1	22	金属轴10		1
16	支撑销8		2	23	齿轮36		2
17	角连接器2-2		2	24	齿轮12		1
18	双头支撑销连接器		2	25	主控器		1
19	橡胶轴套1		4	26	智能马达		1
20	轴锁定板2-2			27	触摸LED		2
21	金属轴2		1	28	连接线		3

>> **（3）搭建过程**

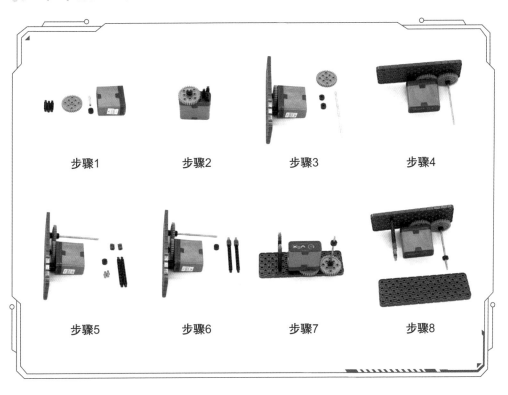

步骤1　　　　步骤2　　　　步骤3　　　　步骤4

步骤5　　　　步骤6　　　　步骤7　　　　步骤8

步骤9

步骤10

步骤11

步骤12

步骤13

步骤14

步骤15

步骤16

步骤17

步骤18

步骤19

步骤20

步骤21

步骤22

步骤23

步骤24

步骤25

步骤26

步骤27

步骤28

步骤29

步骤30

步骤31

步骤32

步骤33

步骤34

步骤35

步骤36

步骤37

步骤38

步骤39

步骤40

步骤41

步骤42

步骤43

步骤44

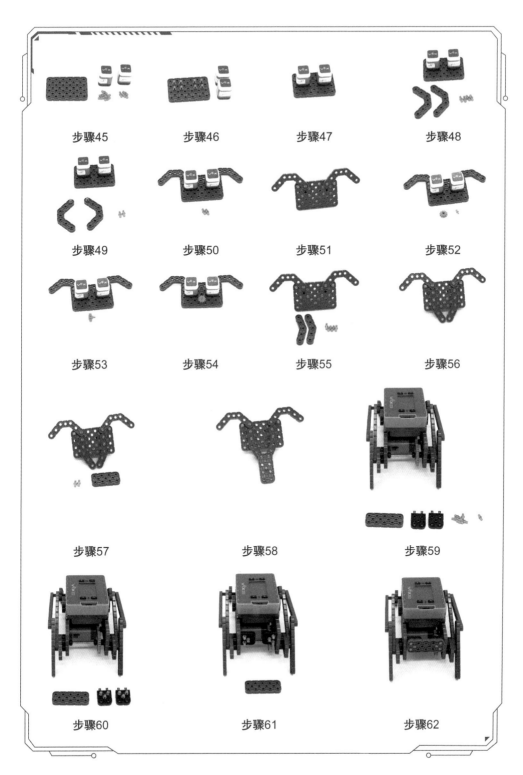

步骤45　　　　　步骤46　　　　　步骤47　　　　　步骤48

步骤49　　　　　步骤50　　　　　步骤51　　　　　步骤52

步骤53　　　　　步骤54　　　　　步骤55　　　　　步骤56

步骤57　　　　　　　步骤58　　　　　　　步骤59

步骤60　　　　　　　步骤61　　　　　　　步骤62

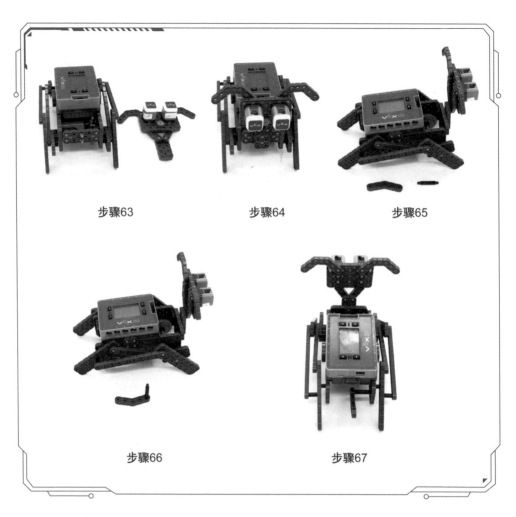

步骤63　　　　　　　步骤64　　　　　　　步骤65

步骤66　　　　　　　步骤67

▶▶（4）端口连接

序号	主机端口	马达/传感器接口
1	3	马达
2	6	触摸LED（眼睛）
3	12	触摸LED（眼睛）

（5）程序编写

① ROBOTC

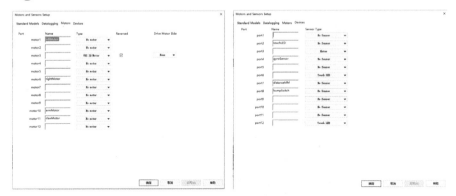

设置端口

```
1  repeat (forever) {
2      setMotor ( motor3 ▾ , 70 );
3      playSound ( soundSiren4 ▾ );
4      setTouchLEDColor ( port12 ▾ , colorGreen ▾ );
5      setTouchLEDColor ( port6 ▾ , colorGreen ▾ );
6      wait ( 2 , seconds ▾ );
7      setMotor ( motor3 ▾ , 70 );
8      playSound ( soundCarAlarm2 ▾ );
9      setTouchLEDColor ( port12 ▾ , colorRed ▾ );
10     setTouchLEDColor ( port6 ▾ , colorRed ▾ );
11     wait ( 2 , seconds ▾ );
12 }
```

程序

② VEXcode IQ

设置端口

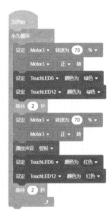

程序

4.12 节奏大师

案例描述 《节奏大师》是很多朋友在闲暇时用来放松的小游戏。它采用滑动音符的方式进行操作。本节用VEX IQ来制作一个简单的《节奏大师》游戏机。

▶扫码看视频◀

案例分析 控制转动手柄避免卡到蓝销，否则游戏停止。

传 感 器 触碰传感器（开关，碰上蓝销游戏暂停）。

马达数量 1个，带动履带转动。

案例实现

》（1）结构设计

（2）器材准备

序号	名称	图示	数量	序号	名称	图示	数量
1	连接销1-1		57	17	轴锁定板2-2		1
2	单条梁1-10		2	18	牵引杆		2
3	双条梁2-10		2	19	齿条槽		1
4	双条梁2-6	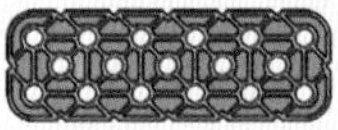	2	20	齿条		2
5	双条梁2-16		2	21	金属轴7		1
6	平板4-6	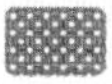	2	22	金属轴8		1
7	平板6-12		3	23	金属轴10		1
8	支撑销1		2	24	齿轮24		1
9	支撑销2		2	25	链轮24		6
10	支撑销4		1	26	链轮48	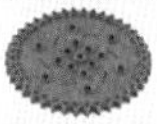	1
11	支撑销8		8	27	履带		3
12	角连接器2-2	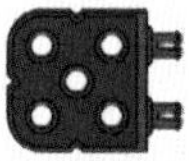	2	28	主控器		1
13	角连接器-直角		4	29	触碰传感器		1
14	橡胶轴套1		9	30	智能马达		1
15	垫圈		10	31	连接线		2
16	双头支撑销连接器		8				

175

（3）搭建过程

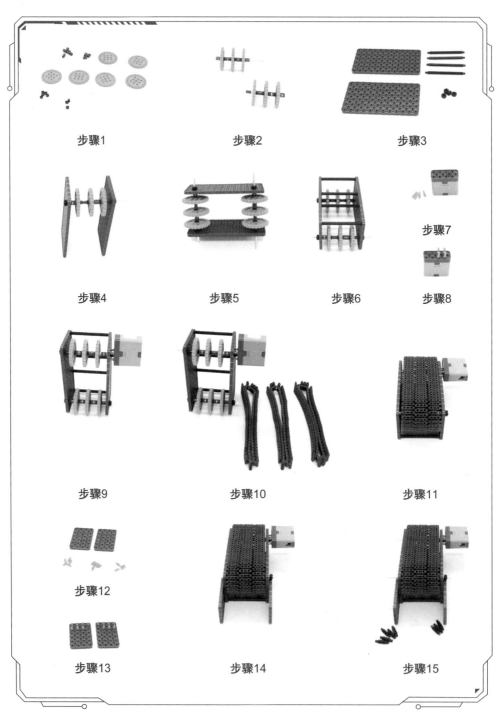

步骤1

步骤2

步骤3

步骤4

步骤5

步骤6

步骤7

步骤8

步骤9

步骤10

步骤11

步骤12

步骤13

步骤14

步骤15

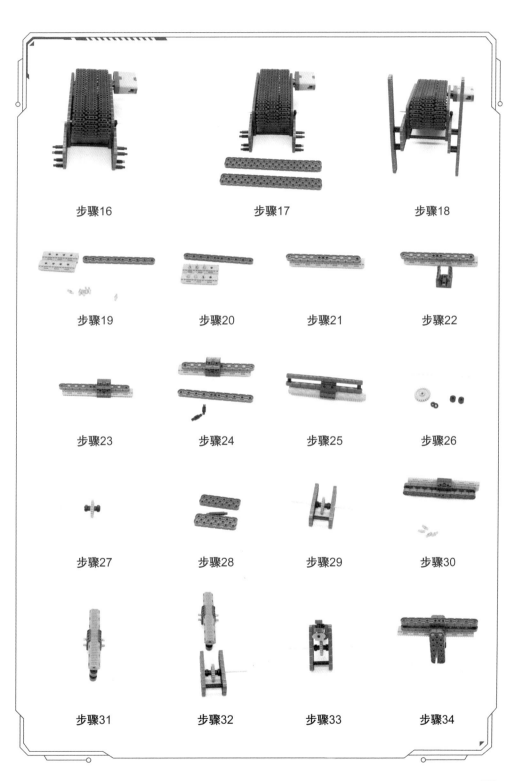

步骤16

步骤17

步骤18

步骤19

步骤20

步骤21

步骤22

步骤23

步骤24

步骤25

步骤26

步骤27

步骤28

步骤29

步骤30

步骤31

步骤32

步骤33

步骤34

步骤35

步骤36

步骤37

步骤38

步骤39

步骤40

步骤41

步骤42

步骤43

步骤44

步骤45

步骤46

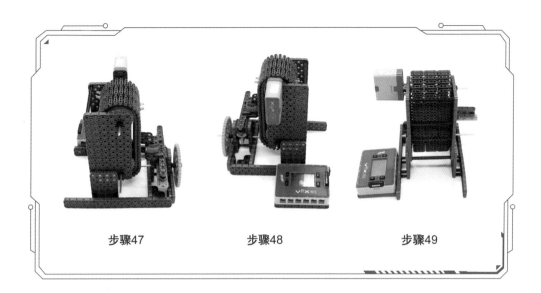

| 步骤47 | 步骤48 | 步骤49 |

（4）端口连接

序号	主机端口	马达/传感器接口
1	1	马达
2	6	触碰传感器

（5）程序编写

① ROBOTC

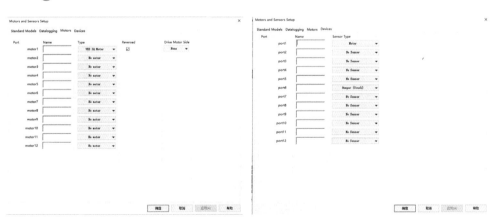

设置端口

```
1  repeat (forever) {
2    waitUntil ( getBumperValue(port6) ▼ == ▼ true );
3    setMotor ( motor1 ▼ , 50 );
4    wait ( 0.5 , seconds ▼ );
5    waitUntil ( getBumperValue(port6) ▼ == ▼ true );
6    moveMotor ( motor1 ▼ , -0.25 , rotations ▼ , 50 );
7    stopAllMotors ();
8    wait ( 5 , seconds ▼ );
9  }
```

程序

② VEXcode IQ

设置端口

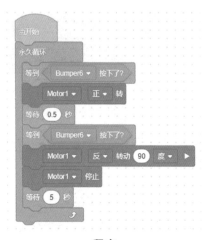

程序

4.13　伸缩门

案例描述　伸缩门是指当车辆进入或离开时，门卫通过触发伸缩门控制器实现伸缩门自动开启和关闭。

▶扫码看视频◀

案例分析 触碰触摸LED，伸缩门打开，车辆通过，伸缩门关闭。

传 感 器 触摸LED。

马达数量 1个。

案例实现

》（1）结构设计

》（2）器材准备

序号	名称	图示	数量	序号	名称	图示	数量
1	连接销1-1		40	11	橡胶轴套1		5
2	单条梁1-6		2	12	惰轮销1-1		4
3	单条梁1-10		10	13	垫圈		5
4	双条梁2-4	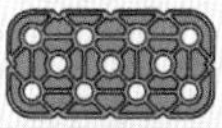	3	14	金属轴8		1
5	平板4-12	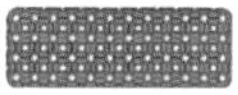	1	15	金属轴4		1
6	平板4-8		2	16	带轮		4
7	平板4-6	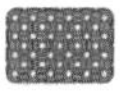	2	17	齿轮60		1
8	支撑销4		1	18	齿轮36		1
9	支撑销8		4	19	齿轮12		5
10	角连接器1-2		1	20	主控器		1

续表

序号	名称	图示	数量	序号	名称	图示	数量
21	智能马达		1	23	连接线		2
22	触摸LED		1				

》》（3）搭建过程

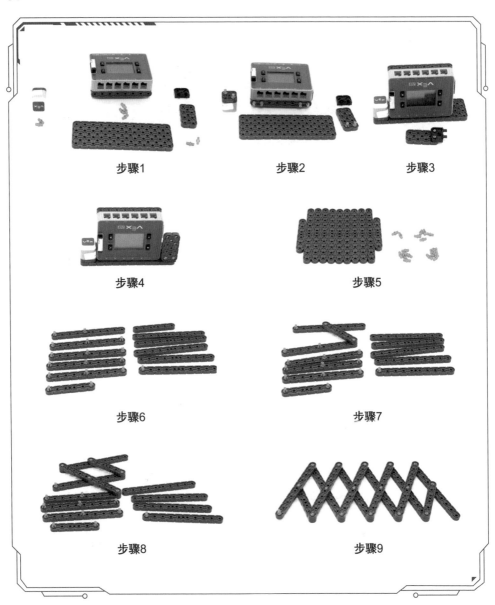

步骤1　　　　　步骤2　　　　　步骤3

步骤4　　　　　步骤5

步骤6　　　　　步骤7

步骤8　　　　　步骤9

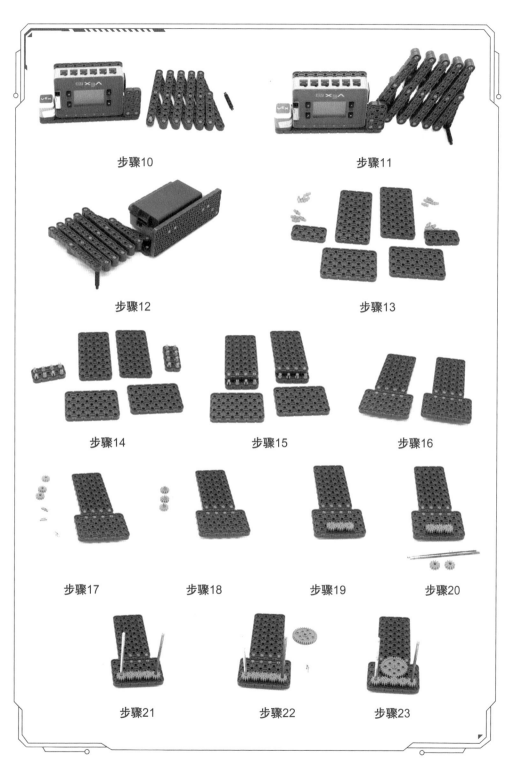

步骤10

步骤11

步骤12

步骤13

步骤14

步骤15

步骤16

步骤17

步骤18

步骤19

步骤20

步骤21

步骤22

步骤23

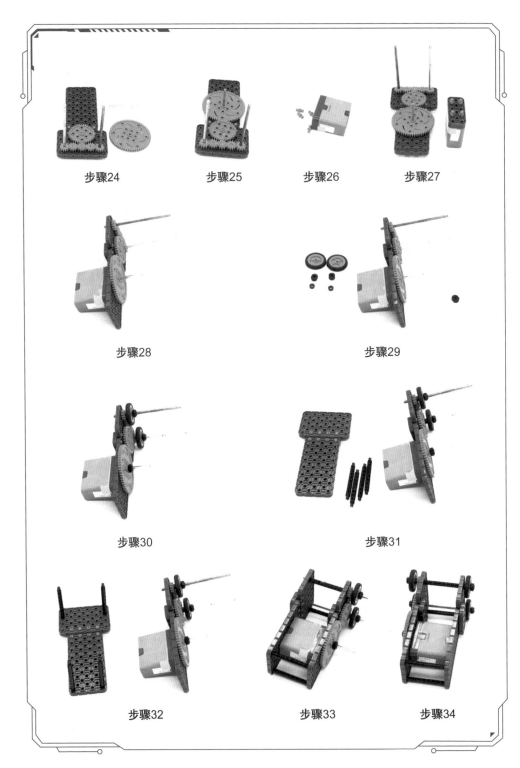

步骤24

步骤25

步骤26

步骤27

步骤28

步骤29

步骤30

步骤31

步骤32

步骤33

步骤34

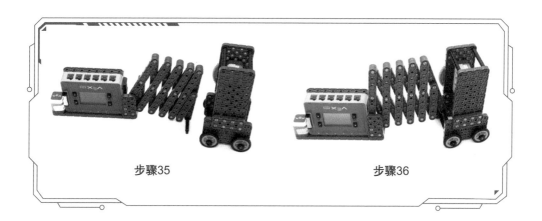

步骤35   步骤36

（4）端口连接

序号	主机端口	马达/传感器接口
1	7	马达
2	12	触摸LED

（5）程序编写
① ROBOTC

设置端口

```
  1  repeat (forever ) {
  2      if ( getTouchLEDValue(port12) ▼ == ▼  1 ) {
  3          setMotor ( motor7 ▼ , -30 );
  4          setTouchLEDColor ( port12 ▼ , colorGreen ▼ );
  5          wait ( 1.2 , seconds ▼ );
  6          playNote ( noteG ▼ , octave2 ▼ , 40 );
  7          stopMotor ( motor7 ▼ );
  8          wait ( 5 , seconds ▼ );
  9          setMotor ( motor7 ▼ , 30 );
 10          setTouchLEDColor ( port12 ▼ , colorNone ▼ );
 11          wait ( 1.2 , seconds ▼ );
 12          stopMotor ( motor7 ▼ );
 13      }
 14  }
 15
```

程序

② VEXcode IQ

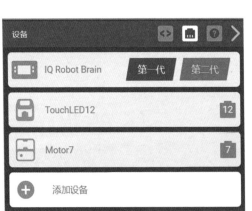

设置端口

程序

4.14　送餐机器人

案例描述　随着人工智能技术的发展，很多餐厅都使用送餐机器人，本节制作一个VEX IQ送餐机器人。

▶扫码看视频◀

案例分析　按下触碰传感器，送餐机器人将餐送到指定的餐桌，再按下触碰传感器，送餐机器人返回。

传 感 器　触碰传感器。

马达数量　3个。

案例实现

》（1）结构设计

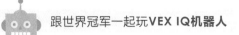
》》（2）器材准备

序号	名称	图示	数量	序号	名称	图示	数量
1	连接销 1-1		42	17	垫片		4
2	连接销 1-2		8	18	垫圈		4
3	双条梁 2-12		2	19	双头支撑销连接器		7
4	双条梁 2-16		2	20	惰轮销 1-1		2
5	双条梁 2-8		5	21	单头支撑销连接器		4
6	双条梁 2-20		2	22	轴锁定板 2-2		3
7	平板4-4		1	23	马达塑料轴4		1
8	平板6-12		1	24	金属轴4		2
9	支撑销1		20	25	金属轴14		1
10	支撑销2		6	26	齿轮36		2
11	角连接器 2-2双向		4	27	皮带轮20		2
12	角连接器 1-2		1	28	轮毂、轮胎		2
13	角连接器 2		3	29	主控器		1
14	角连接器 2-2		2	30	触碰传感器		1
15	角连接器-直角		2	31	智能马达		3
16	橡胶轴套1		8	32	连接线		4

（3）搭建过程

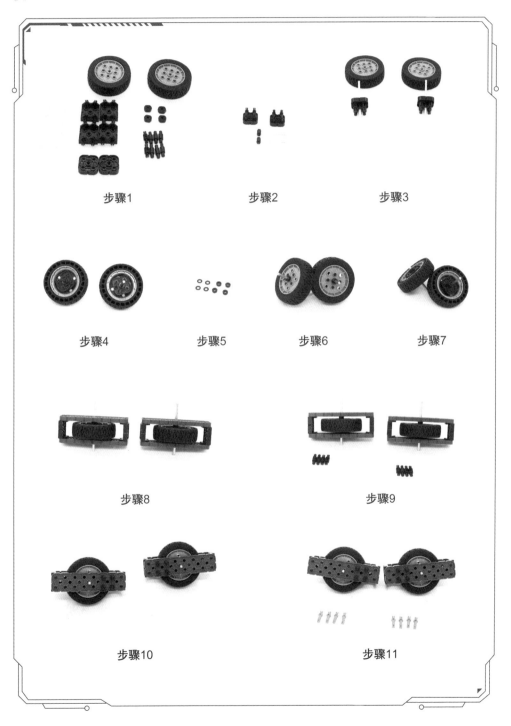

步骤1　　　　　　步骤2　　　　　　步骤3

步骤4　　　步骤5　　　步骤6　　　步骤7

步骤8　　　　　　　　步骤9

步骤10　　　　　　　步骤11

步骤12

步骤13

步骤14

步骤15

步骤16

步骤17

步骤18

步骤19

步骤20

步骤21

步骤22

步骤23

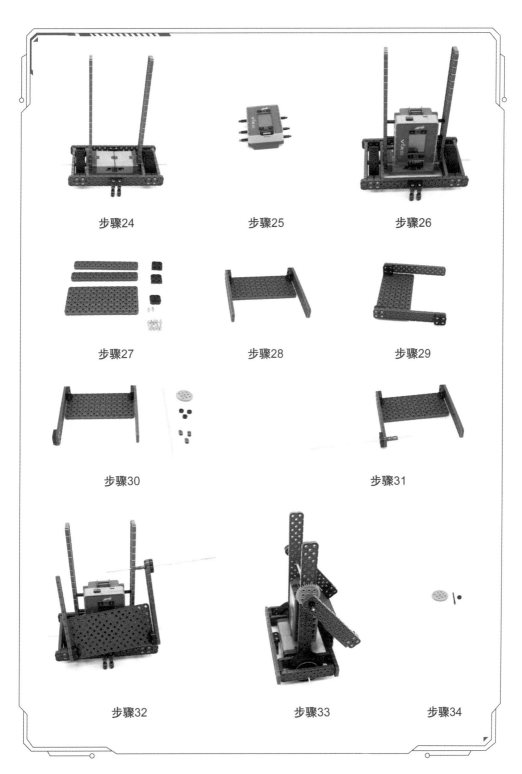

步骤24

步骤25

步骤26

步骤27

步骤28

步骤29

步骤30

步骤31

步骤32

步骤33

步骤34

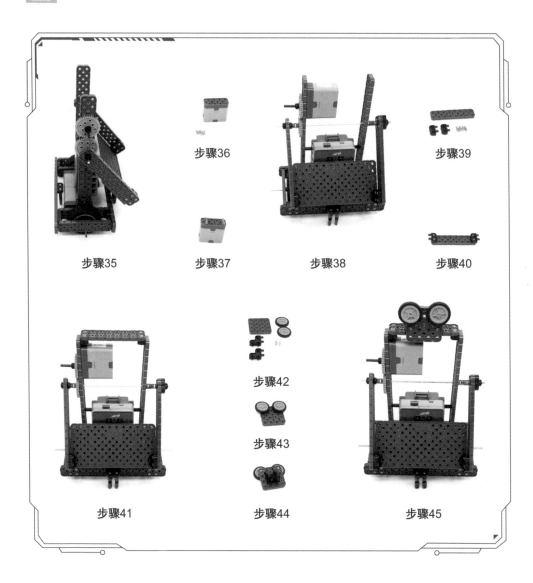

步骤35　　步骤36　　步骤37　　步骤38　　步骤39　　步骤40
步骤41　　步骤42　　步骤43　　步骤44　　步骤45

（4）端口连接

序号	主机端口	马达/传感器接口
1	1	马达（控制托盘）
2	6	马达（左）
3	12	马达（右）
4	7	触碰传感器

（5）程序编写

① ROBOTC

设置端口

```
1  repeat (forever) {
2    waitUntil ( getBumperValue(port7) == true );
3    moveMotor ( motor1 , 0.175 , rotations , 20 );
4    wait ( 0.5 , seconds );
5    waitUntil ( getBumperValue(port7) == true );
6    forward ( 2 , rotations , 30 );
7    waitUntil ( getBumperValue(port7) == true );
8    backward ( 0.5 , rotations , 50 );
9    turnLeft ( 1.2 , rotations , 50 );
10   moveMotor ( motor1 , -0.175 , rotations , 20 );
11   forward ( 1.5 , rotations , 30 );
12   turnLeft ( 1.2 , rotations , 50 );
```

程序

② VEXcode IQ

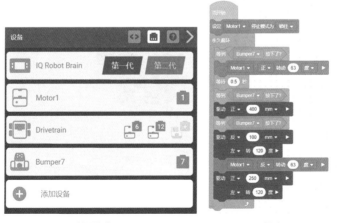

设置端口　　　　　　　　　程序

4.15　陀螺发射器

案例描述　小时候，我们经常玩的陀螺发射器一般都是抽拉的，本节用VEX IQ制作电动的陀螺发射器。

▶扫码看视频◀

传　感　器　触碰传感器（开关）。

马达数量　1个。

案例实现

》（1）结构设计

>> **（2）器材准备**

序号	名称	图示	数量	序号	名称	图示	数量
1	连接销 1-1		15	14	垫片		6
2	连接销 1-2		4	15	垫圈		1
3	双条梁 2-3		2	16	金属轴4		1
4	双条梁 2-16		2	17	金属轴8		3
5	单条梁 1-3		2	18	齿轮12		2
6	单条梁 1-4		2	19	齿轮36		1
7	单条梁 1-12		1	20	齿轮60		1
8	支撑销1		10	21	万向轮		1
9	支撑销2		4	22	主控器		1
10	角连接器 1-2		2	23	触碰传感器		1
11	橡胶轴套1		10	24	智能马达		1
12	轴锁定板 1-3		1	25	连接线	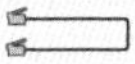	2
13	轴锁定板 2-2		3				

（3）搭建过程

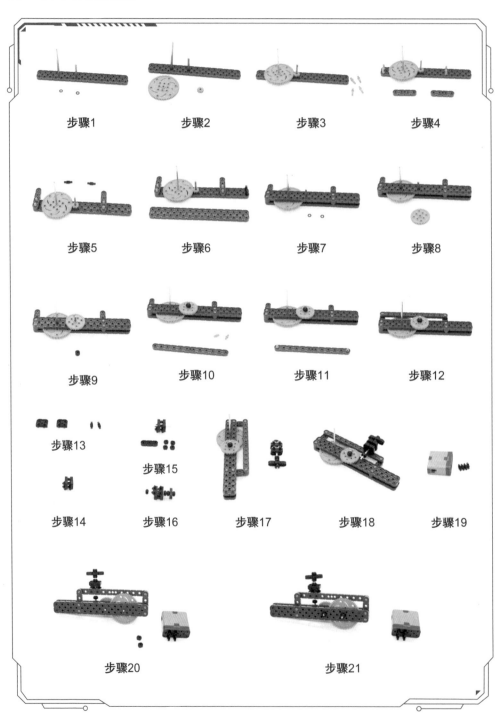

步骤1

步骤2

步骤3

步骤4

步骤5

步骤6

步骤7

步骤8

步骤9

步骤10

步骤11

步骤12

步骤13

步骤15

步骤14

步骤16

步骤17

步骤18

步骤19

步骤20

步骤21

步骤22　　　　　　步骤23　　　　　　步骤24

步骤25　　　　　　步骤26　　　　　　步骤27

步骤28　　　　　　步骤29　　　　　　步骤30

步骤31　　　　　　步骤32　　　　　　步骤33

（4）端口连接

序号	主机端口	马达/传感器接口
1	1	马达
2	7	触碰传感器

（5）程序编写

① ROBOTC

设置端口

程序

② VEXcode IQ

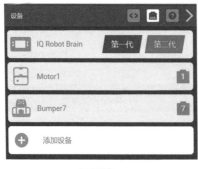

设置端口

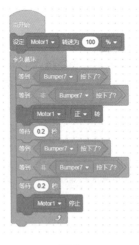

程序

4.16　棒球机器人

案例描述　棒球最早起源于15世纪，即当时流行于英国的板桨球。后来传到美国。1839年，美国纽约州古帕斯敦举行了首次棒球比赛。本节制作VEX IQ棒球机器人。

▶扫码看视频◀

案例分析　按下开关，棒球机器人启动，遇到球，按下触碰传感器，车停下，触碰触摸LED，击打小球，然后返回。

传　感　器　触摸LED、触碰传感器。

马达数量　3个。

案例实现

▶▶（1）结构设计

》》（2）器材准备

序号	名称	图示	数量	序号	名称	图示	数量
1	连接销 1-1		77	14	角连接器 1-2		3
2	连接销 1-2		8	15	角连接器 2-2		8
3	连接销 2-2			16	橡胶轴套1		18
4	特殊梁直角2-3		2	17	轴锁定板 2-2	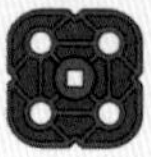	1
5	双条梁 2-4		4	18	金属轴2		2
6	双条梁 2-9		1	19	金属轴4		5
7	双条梁 2-10		2	20	齿轮36		6
8	双条梁 2-12		5	21	轮毂、轮胎		4
9	平板4-12	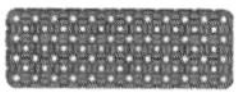	1	22	主控器		1
10	平板4-8		2	23	智能马达		3
11	平板4-6	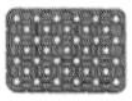	2	24	触碰传感器		1
12	平板4-4		2	25	触碰LED		1
13	支撑销2		8	26	连接线	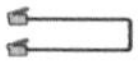	5

>> （3）搭建过程

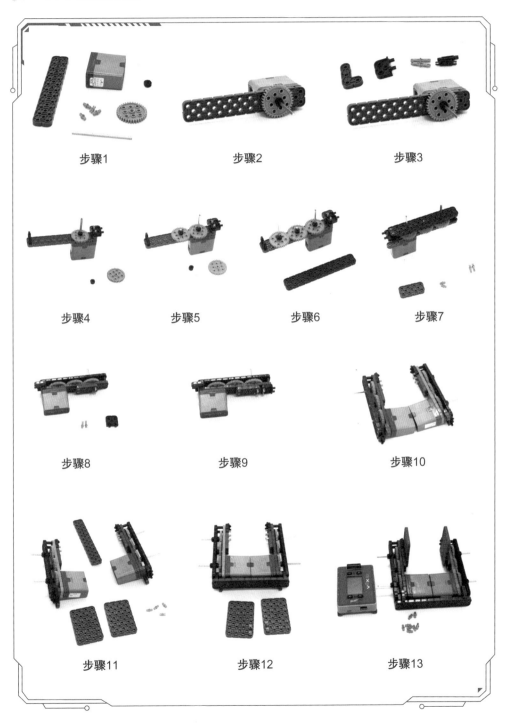

步骤1　　　　　　　　步骤2　　　　　　　　步骤3

步骤4　　　　　　　　步骤5　　　　　　　　步骤6　　　　　　　　步骤7

步骤8　　　　　　　　步骤9　　　　　　　　步骤10

步骤11　　　　　　　　步骤12　　　　　　　　步骤13

步骤14

步骤15

步骤16

步骤17

步骤18

步骤19

步骤20

步骤21

步骤22

步骤23

步骤24

步骤25

步骤26

步骤27

步骤28

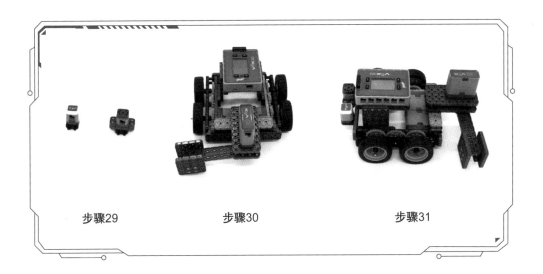

| 步骤29 | 步骤30 | 步骤31 |

（4）端口连接

序号	主机端口	马达/传感器接口
1	1	左马达
2	6	右马达
3	10	马达（控制击球）
4	2	触摸LED
5	8	触碰传感器

（5）程序编写

① ROBOTC编程

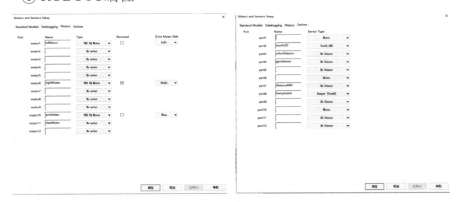

设置端口

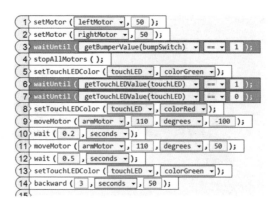

程序

② VEXcode IQ编程

设置端口

程序

4.17 翻斗车

案例描述 翻斗车是一种特殊的料斗可倾翻的车辆。车身上安装有一个"斗"状容器，可以翻转以方便卸货。

▶扫码看视频◀

案例分析 翻斗车感应到卸货区时，调头翻转料斗将货物倒到货箱内，然后调头开走。

传 感 器 超声波感器。

马达数量 3个。

案例实现

» （1）结构设计

» （2）器材准备

序号	名称	图示	数量	序号	名称	图示	数量
1	连接销 1-1		151	4	双条梁 2-3		2
2	连接销 1-2		12	5	双条梁 2-4		2
3	单条梁 1-4		1	6	双条梁 2-5		4

跟世界冠军一起玩VEX IQ机器人

序号	名称	图示	数量	序号	名称	图示	数量
7	双条梁 2-7		2	20	轴锁定板 2-2		6
8	双条梁 2-12		4	21	双头支撑 销连接器		4
9	平板4-12		2	22	金属轴8		1
10	平板4-8		4	23	金属轴4		4
11	平板4-4		5	24	马达塑料 轴4		2
12	支撑销1		1	25	马达塑料 轴2		1
13	支撑销2		16	26	齿轮12		1
14	角连接器 1-2		10	27	齿轮36		7
15	橡胶轴 套1		17	28	万向轮		4
16	惰轮销 1-1		2	29	主控器		1
17	角连接器 2		6	30	智能马达		3
18	角连接器 单孔		1	31	超声波传 感器		1
19	角连接器 2-3双向		4	32	连接线	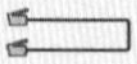	4

（3）搭建过程

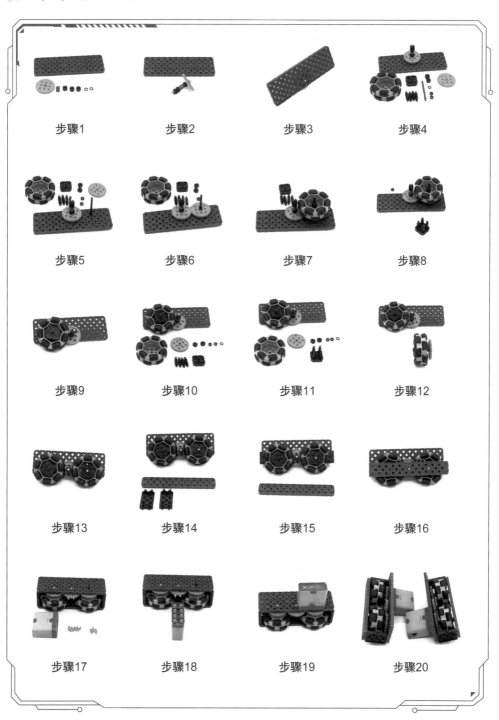

步骤1　　　　　步骤2　　　　　步骤3　　　　　步骤4

步骤5　　　　　步骤6　　　　　步骤7　　　　　步骤8

步骤9　　　　　步骤10　　　　　步骤11　　　　　步骤12

步骤13　　　　　步骤14　　　　　步骤15　　　　　步骤16

步骤17　　　　　步骤18　　　　　步骤19　　　　　步骤20

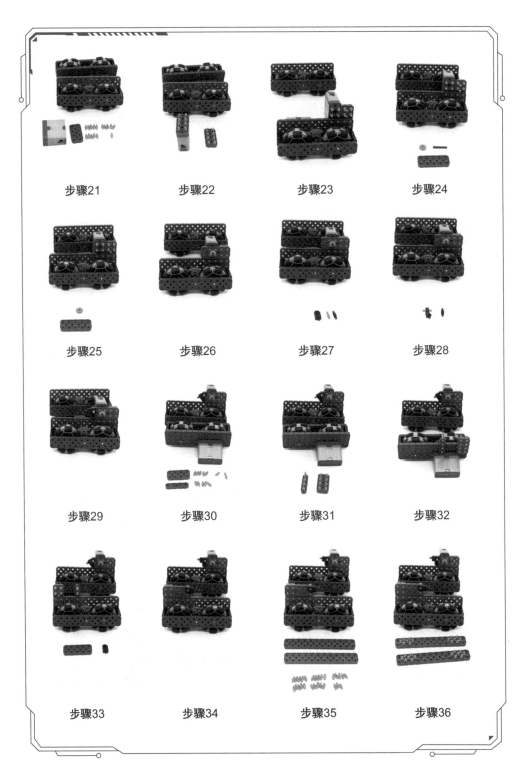

步骤21　　　　步骤22　　　　步骤23　　　　步骤24

步骤25　　　　步骤26　　　　步骤27　　　　步骤28

步骤29　　　　步骤30　　　　步骤31　　　　步骤32

步骤33　　　　步骤34　　　　步骤35　　　　步骤36

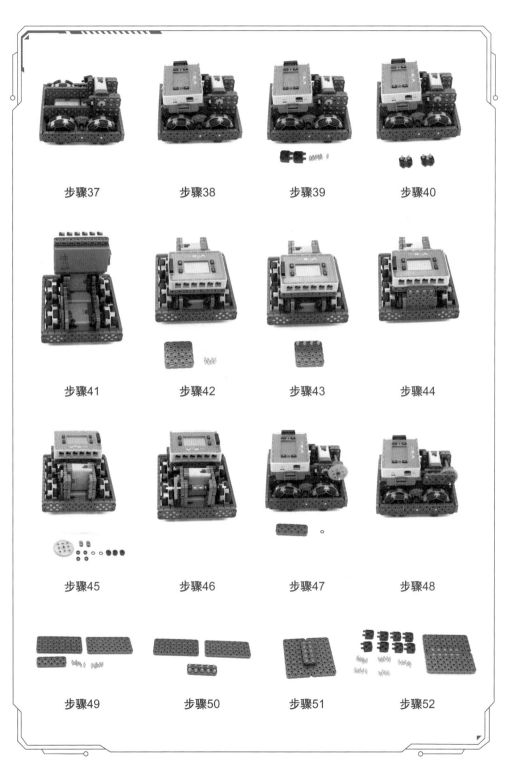

步骤37　　　　步骤38　　　　步骤39　　　　步骤40

步骤41　　　　步骤42　　　　步骤43　　　　步骤44

步骤45　　　　步骤46　　　　步骤47　　　　步骤48

步骤49　　　　步骤50　　　　步骤51　　　　步骤52

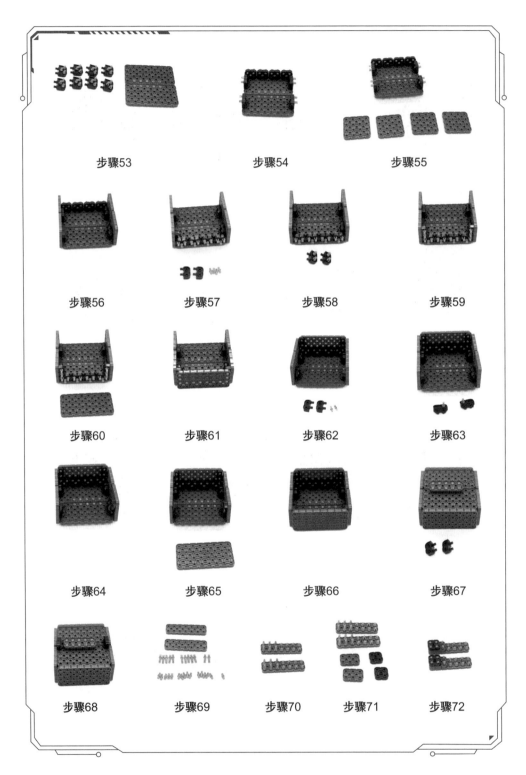

步骤53

步骤54

步骤55

步骤56

步骤57

步骤58

步骤59

步骤60

步骤61

步骤62

步骤63

步骤64

步骤65

步骤66

步骤67

步骤68

步骤69

步骤70

步骤71

步骤72

步骤73

步骤74

步骤75

步骤76

步骤77

步骤78

》》（4）端口连接

序号	主机端口	马达/传感器接口
1	12	左马达
2	6	右马达
3	8	马达（控制翻斗）
4	1	超声波传感器

》》（5）程序编写

① ROBOTC

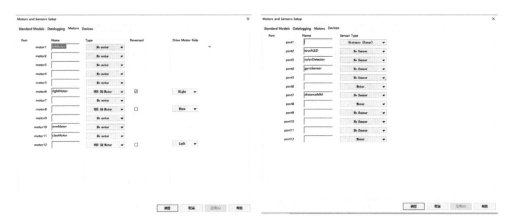

设置端口

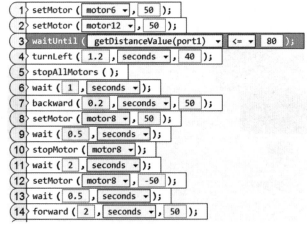

程序

② VEXcode IQ

设置端口

程序